中央民族大学青年学者文库
China Minzhu University Young Scholars' Series

◎石　莎／著

半干旱区城镇防沙治沙植被恢复与重建

——以内蒙古乌审旗嘎鲁图镇为例

BANGANHANQU CHENGZHEN FANGSHA ZHISHA ZHIBEI HUIFU YU CHONGJIAN

YI NEIMENGGU WUSHENQI GALUTUZHEN WEILI

中央民族大学出版社
China Minzu University Press

图书在版编目(CIP)数据

半干旱区城镇防沙治沙植被恢复与重建:以内蒙古乌审旗嘎鲁图镇为例/石莎著. —北京:中央民族大学出版社,2013.3

ISBN 978-7-5660-0398-0

Ⅰ.①半… Ⅱ.①石… Ⅲ.①干旱区—防沙—研究—乌审旗②干旱区—沙漠治理—研究—乌审旗③干旱区—植被—恢复—研究—乌审旗 Ⅳ.①P942.265.73②Q948.15

中国版本图书馆 CIP 数据核字(2013)第 053321 号

半干旱区城镇防沙治沙植被恢复与重建

——以内蒙古乌审旗嘎鲁图镇为例

著　　者　石　莎
责任编辑　满福玺
封面设计　布拉格
出 版 者　中央民族大学出版社
　　　　　北京市海淀区中关村南大街27号　邮编:100081
　　　　　电话:68472815(发行部) 传真:68932751(发行部)
　　　　　　　68932218(总编室)　　　68932447(办公室)
发 行 者　全国各地新华书店
印 刷 厂　北京宏伟双华印刷有限公司
开　　本　880×1230(毫米)　1/32　印张:8
字　　数　200 千字
版　　次　2013 年 9 月第 1 版　2013 年 9 月第 1 次印刷
书　　号　ISBN 978-7-5660-0398-0
定　　价　26.00 元

总 序

中央民族大学是我们党为解决民族问题、培养少数民族干部和高级专门人才而创办的高等学府。建校六十多年来，中央民族大学认真贯彻党的教育方针和民族政策，坚持社会主义办学方向，坚持为少数民族和民族地区发展服务的办学宗旨，培养了成千上万的优秀人才，取得了许多具有开创性意义的科研成果，创建和发展了一批民族类的重点学科，走出了一条民族高等教育又好又快发展的成功之路。

今天，荟萃了56个民族英才的中央民族大学，学科门类齐全、民族学科特色突出，跻身于国家“211工程”和“985工程”重点建设大学的行列。中央民族大学已经成为我国民族工作的人才摇篮，民族问题研究的学术重镇，民族理论政策的创新基地，民族文化保护和传承的重要阵地。

教师是学校的核心和灵魂。办好中央民族大学，关键是要有一支高素质的教师队伍。为建设一支能够为实现几代民大人孜孜以求的建成国际知名的、高水平的研究型大学提供坚实支撑的教师队伍，2012年4月，学校做出决定，从“985工程”队伍建设专项经费中拨出专款，设立“中央民族大学青年学者文库”基金，持续、择优支持新近来校工作的博士、博士后出站人员以及新近取得博士学位或博士后出站资格的在职教职工出版高水平的博士学位论文和博士后出站报告。希望通过实施这一学术成果出版支持计划，不断打造学术精品，促进学术探究，助推中央民族大学年轻教师成长，形成长江后浪推前浪、一代更比一代强的教师队伍蓬勃壮大的良好局面。

青年教师正值学术的少年期。诚如梁启超先生脍炙人口的名言所祈愿：少年智则国智，少年富则国富，少年强则国强，少年独立则国独立，少年自由则国自由，少年进步则国进步，少年胜于欧洲，则国胜于欧洲，少年雄于地球，则国雄于地球。希望在各方面的共同努力下，在广大青年教师的积极参与下，《中央民族大学青年学者文库》能够展示出我校年青教师的学术实力，坚定青年教师的学术自信，激发青年教师的学术热忱，激励广大青年教师向更高远的学术目标攀登。唯有青年教师自强不息，中央民族大学的事业才能蒸蒸日上！

中央民族大学青年教师学术著作出版
编审委员会
2013 年 6 月 19 日

前　言

我国半干旱地区城镇众多、人口相对密集，是风沙灾害防治的重点区域，该区域具备植被恢复与重建的自然条件与经济基础，但近期实施的植被恢复工程多以道路防沙为主，针对城镇防沙治沙进行植被恢复与重建成为新的研究领域。内蒙古自治区乌审旗位于毛乌素沙地腹部，旗政府所在地嘎鲁图镇是半干旱区小城镇的典型代表。本书以嘎鲁图镇为中心，周边半径10km的范围为研究区，通过野外试验和观测，采用治沙工程学、生态学、植物生理生态学等基本理论和方法，从植物生理生态学和土壤水分平衡角度，结合城镇防沙高经济效益、高土地利用效率、景观美化等原则，对半干旱区城镇植被恢复与重建的物种筛选与合理密度配置模式进行了研究，旨在为半干旱区城镇植被恢复与重建提供理论支持。

1. 研究区沙生灌木植被为该区最有代表性和分布最广的植被类型，其中沙柳群落与油蒿群落是沙生灌木植被的主要植物群落，油蒿和沙柳可作为当前沙区生态建设与植被恢复所需要的主要乡土植物种。沙生灌木植被覆盖度随季节和地形不同而变化，并且直接影响固定沙丘和半固定沙丘的土壤水分时空分布。随沙丘植被覆盖度的上升，沙丘土壤含水量呈下降趋势。研究区植被防护体系是由公路两侧人工植被和自然植被构成，区域植被较为单一，植物的经济产出低，丘间低地没有得到充分利用，造成城镇周边土地资源的浪费。因此，作为城镇周边的防沙治沙植被体系，研究区防沙治沙体系仍有进一步改善的必要。

2. 研究区沙丘土壤含水量的时间变化分为春季积累期、水分消耗期、秋季积累期、稳定期四个阶段，有利于沙柳和油蒿植物群落的恢复和重建。沙丘土壤含水量空间分布趋势表现为流动沙丘 > 半固定沙丘 > 固定沙丘（纯蒿） > 固定沙丘（柳蒿混生），意味着在流动沙丘上适合进行沙柳和油蒿植物群落的重建。从沙丘地貌部位条件看，背风坡土壤含水量接近植物凋萎系数，不宜进行植被重建；丘间低地由于地下水位高，植被恢复和重建的密度设计不受土壤水分的影响。嘎鲁图镇周边的沙丘土壤水分条件适于沙柳和油蒿的生长，与油蒿相比，沙柳植株平均高度较高，更能发挥阻截城镇周边20—30km范围以外沙尘来源的功能，对降低城镇内部风沙灾害程度效果较好；其次沙柳也是柳编、造纸、发电等产业的原材料，具有较高的经济价值；再次，在城镇周边治沙植被中配置沙柳既能够满足防沙治沙工程中植物高低搭配的原则，又能美化城镇周边景观。因此，防沙治沙植被中应尽量多配置沙柳。

3. 研究区近50年的年平均降水量为345mm，年降水量小于150mm的情况只出现过一次，50%的年份降水量大于350mm。人工控制水分实验结果证明：油蒿和沙柳植株幼苗在施水量150mm时，虽有生命指征，但受到严重干旱胁迫；250mm施水量时，植株幼苗有一定生长；350mm及以上施水量时，植株幼苗生长旺盛。说明在年平均降水量情况下，能满足这两种灌木植物的生长需求，因此这两种优势灌木植物适应当地降水量条件，可以用作当地防沙治沙的植物种。在施水量相同的情况下，沙柳的日平均Pn大于油蒿，能产生更高的地面生物量；施水量的上升能有效提高沙柳的株高，产生更远的沙尘防护距离；同时沙柳具有较高的经济价值，因此是一种更适合用于嘎鲁图镇周边防风固沙的植物种。野外自然条件观测结果证明，降水量348mm和

485.3mm 时，这两种灌木植物在迎风坡、丘顶、丘间低地均表现出良好的生理生态生长指标，尤其是土壤水分条件好的丘间低地。

4. 利用 Penman - Monteith 公式和水分平衡原理，计算出不同地形条件下土壤有效含水量顺序为丘间低地 > 迎风坡 > 丘顶 > 背风坡，丘间低地可配置耗水量较大、经济价值较高的沙棘（株行距 1 ×1m）、枸杞（株行距 1 ×1.5m）、苜蓿（行距 0.3m）等植物；背风坡土壤有效水含量为负值，不具备植被种植的水分条件。因此，流动沙丘植被的重建应针对迎风坡和丘顶两种地形条件来展开，在水分条件较差的丘顶宜采用单一油蒿（株行距 1.6 ×2m）或籽蒿（株行距 1.2 ×2m）配置，保证植被覆盖度；在水分条件较好的迎风坡，宜采用沙柳（株行距 1.5 ×10m）+油蒿（株行距 1 ×2m）或沙柳（株行距 1.5 ×10m）+籽蒿（株行距 1 ×1.6m）混合配置，这样可以在保证一定沙柳密度的同时适当增加植被的覆盖度，既能达到风沙防治目的，又能满足治沙工程中高低搭配的要求，并且兼顾了城镇防沙植被经济价值较高与城镇景观美化的原则，是一种较为理想的城镇防风固沙植被恢复重建模式。

PREFACE

The semiarid region is the key area for engineering of sand - control with a dense population and numerous towns. This area has natural conditions and economic base for the vegetation restoration and reconstruction. Most of vegetation restoration projects work for protecting railways and roads, so vegetation restoration for protection a town becomes a new field. Galutu, a representative townlet in semiarid region situated in hinterland of Maowusu sandy land, is taken as the object studied in this paper. According to located observation and experiments, combing the principles of sand - control around a town with landscape beautification and high yield in economy and land utilization, based on the theories of sand - control engineering, ecology and plant physiological ecology, the paper analyzes the selection of plant species and appropriate density of planting design for the vegetation restoration and reestablishment in semiarid regions. All the results as following may give the theoretical foundation on vegetation restoration and reestablishment in semiarid towns.

1. Among the psammophilous shrubby vegetation which is the typical and most widely distributed one in research area, the dominant shrubby species are Artemisia ordosica and Salix psammophila which are considered as the native plants for ecological construction and vegetation restoration. The coverage of psammophilous shrubby vegetation

is different accompanying with changing of space and time. Meanwhile it affects the spatial and temporal distribution of soil water content directly. Unity vegetation in research area leads to low economic outputs and inadequate land utilization, therefore it is necessary for restoration and reestablishment the vegetation around the town.

2. The seasonal dynamic change of sand water content can be divided into four stages: the accumulating period in spring, the water – consuming period, the accumulating period in fall and stabilization period. The sand water content is in a sequence of moving dune > semi – fixed dune > dune fixed by Artemisia ordosica > dune fixed by Salix psammophila and A. ordosica. The sand water content of leeward slope is lower than wilting coefficient, which is not fit for planting, but the soil water content in other landform of dune are fit for the growth of S. psammophila and A. ordosica. Compared with A. ordosica, S. psammophila is more likely to be considered to plant around Galutu because it can meet the principles of sand – control around a town.

3. Analyzing average precipitation of research area in last 50 years and the experiments results of water – controlling, A. ordosica and S. psammophila adapt to the native precipitation. Under the same watering condition, the diurnal average of net photosynthesis on S. psammophila is more than A. ordosica. Meanwhile, S. psammophila produces more biomass and plant height. And observation results in the field show that windward slope, slope crest and lowland of the dune are the places to be suitable for the vegetation restoration. However, the leeward slope can't be taken as the key landform for planting with bad condition of water content. Therefore, S. psammophila is a better species for vegetation restoration in a town.

4. With the Penman – Monteith formula and the water balance

principle, it shows the sequence of the effective soil water content with different terrains: inter – dune lowland > windward slope > slope crest > leeward slope. Vegetation density can't be limited by the water conditions in inter – dune lowland where some species with a large water consumption and high economic value such as Hippophae rhamnoides Linn (spacing 1 × 1m), Lycium barbarum (spacing 1 × 1.5m) and Medicago sativa Linn (spacing 0.3m) can be planted. S. psammophila (spacing 1.5 × 10m) and A. ordosica (spacing 1 × 2m) or S. psammophila (spacing 1.5 × 10m) and A. sphaerocephala (spacing 1 × 1.6m) should be planted on windward slope. Unity planting of A. ordosica (spacing 1 × 2m) or A. sphaerocephala (spacing 1.2 × 2m) should be planted on slope crest. But the leeward slope hasn't such condition for vegetation growth. Those all above constitute a better model of vegetation restoration for protection a town in semiarid region from blownsand disaster.

目　录

第一章 引 言

1 选题依据

1.1 选题范围

风沙灾害一直是我国北方干旱、半干旱地区主要的自然灾害之一，严重影响人们的居住环境、生活条件和身体健康状况。该区域面积超过全国总面积的三分之一，包括新疆、青海、甘肃、宁夏全境和陕西秦岭以北、内蒙古西部以及山西西部地区的742个县，3303个城镇，居住人口达19326.88万。这些城镇无一例外遭受风沙灾害的侵扰。以毛乌素沙地为例，榆林市年风沙日数约为60d[1]；定边、横山、神木年均沙尘暴日数（任一站有算1天）为6—23d，其中，定边处于平坦的风沙草滩区，年沙尘暴日数最多，达22.7d（44年平均）。南部丘陵沟壑区年均沙尘暴日数为1.6—4.4d[2]；乌审旗春冬两季多年平均风沙天气日数为49d，其中扬沙、沙尘暴、浮尘平均日数分别为26d、9d和14d。有些城镇甚至面临风沙掩埋的尴尬局面。

城镇是人口和社会经济活动高度集中的场所[3]，作为人类文明、社会进步的象征和生产力的空间载体，城镇聚集了一定地域范围内的生产资料、资本、劳动力和科学技术，从而成为区域的政治和文化中心、区域内经济集聚实体和纵横交错经济网络的枢纽[4]，其生态环境的好坏间接地影响到区域的各项发展[5]。

随着我国城市化水平持续提高，由此引发的土地利用结构变化和强度加大，不可避免地强化土地荒漠化进程。一方面，城镇作为自然受灾体，城镇风沙灾害会使城镇生态环境恶化，使居住条件变差，直接影响人民的生产和生活；另一方面，城镇作为人口聚居区、经济增长点，城镇灾害会影响到人体健康发展，并且对吸引外资投资等方面不利，间接影响区域的经济发展和社会进步[6]。城镇作为区域性的经济、文化和政治中心，已经成为沙区风沙灾害防治与人居环境改善的研究重点。但目前防沙工程的设计与研究多集中在铁路、公路防护上，居民点特别是城镇防沙工程的研究方面目前几乎处于空白状态。

1.2 选择技术

治沙工程经常采用生物治沙、机械治沙和无污染化学新材料治沙等方法治理风沙灾害。其中恢复与重建防风治沙植被是最有效和最经济的措施[7,8]，具体主要包括：建立人工植被或恢复天然植被以固定流沙；营造大型防沙阻沙林带，以阻截外侧沙流对绿洲、交通沿线、城镇居民点及其他经济设施的侵袭；营造防护林网，以控制耕地风蚀和牧场退化；保护封育天然植被，以防止固定、半固定沙丘和沙质草原的沙漠化危害[9]。植被防风治沙不仅是生态建设的需要，而且还能创造一定的社会与经济效益。很多乔、灌、草结合的治沙植被对美化当地城市景观、净化空气质量等方面起到积极作用，同时也成为畜牧饲用、造纸、板材加工业、编制行业提供原材料。在改善生态环境的基础上提高治沙植被工程的经济效益，切实体现环境与经济相协调的可持续发展战略。

随着生物治沙发展起来的机械沙障和化学固沙，一般作为临时措施，旨在稳定沙面，为在沙丘和风蚀地上建立人工植被创造稳定的生态环境。机械措施也称工程措施，是指利用柴草、黏土、枝条、石块及其他材料，在沙面上设置沙障或覆盖沙面，或采用各种阻沙、导沙措施，将上风向风沙流阻挡在防护区之处，或将风沙流导向防护区下风向等技术措施。机械措施的主体是各类沙障，最早采用机械沙障防沙的是苏联，早在 19 世纪末，就在铁路沿线的防沙中采用了机械沙障防护体系。随后研制了许多机械沙障类型与结构，广泛应用于苏联各个荒漠区防沙[10]。

各种各样的机械沙障按立地高度可分为高立式沙障、立式沙障、半隐式沙障和隐蔽式沙障；按其结构可分紧密型、疏透型和通风型三种；按构成沙障的材料，有活植物体沙障、植物材料沙障、无机材料沙障和有机化工材料沙障等多种形式[11-16]。

化学治沙是工程治沙的一种，它是通过喷洒化学胶结物质，在沙质地表建造一层能够防止风力吹蚀又具有保持水分和改良沙地性质的固结层，即形成一个防护壳，隔开气流对沙面的直接作用，提高沙面抗风蚀性能，以达到控制和改善沙害环境，提高沙地生产力的技术措施。目前，全世界采用化学治沙的国家和地区已达 46 个之多，用于不同治沙目的的治沙液已达 100 余种[17]。

1.3 选择地点

由于受风沙灾害的城镇数量众多，在有限的时间和经费情况下，不可能进行全部的研究，只能选择具有代表性的城镇（沙化严重，并具有植被恢复/重建潜力）作为研究对象。乌审旗地处内蒙古自治区最南端，鄂尔多斯市西南部，毛乌素沙地的腹部，无定河中上游，属黄河流域典型的风水二相复合侵蚀区。全旗总面积 11645km^2，各类风蚀沙化土地占总面积的 94.8%。据史料记载，公元 4 世纪，乌审旗曾是一个林草丰茂之地[18]，具有植被恢复与重建的基础。但从 20 世纪 60 年代起，乌审旗土地沙化逐年加剧，60 年代初期强度沙化面积为 465 万亩，70 年代中期达到 540 万亩，到 80 年代扩张到 705 万亩，占总土地面积比例高达 40%。达布察克镇是乌审旗政治、经济、文化中心，全镇总面积 504.8km^2，人口近 2.5 万人。沙漠化土地面积的不断扩大，造成生态环境严重恶化，大面积草场农田被流沙吞噬，许多居民点被掩埋，道路和电力、通信线路时常中断，沙尘天气造成的空气污染严重[19]，不仅制约了该地区经济的发展，而且危害到周边地区。因此选择内蒙古乌审旗县城——嘎鲁图镇为研究对象，对防风治沙植被的恢复与重建进行深入、系统的研究。

2 研究目的及意义

2.1 研究目的

（1）提供不同立地条件下生态因子（尤其是限制因子）参数变化规律，限制因子对植被恢复生长（生长状况、生理生态反映）的影响，为限制因子控制下的植被恢复与重建提供基本参数。

（2）揭示植被适应当地生态限制因子的机制，筛选适合不同立地类型的防沙植物种；建立植物蒸腾耗水量计算模型，根据水分平衡原理，推算植被恢复的合理密度；推测估算恢复后植被的高度和盖度；确定植被恢复/重建的措施，为确定合理的恢复模式提供理论依据。

(3) 建立不同立地条件下防风治沙植被优化配置模式，提出乌审旗嘎鲁图镇周边治沙植被恢复与重建综合优化方案和实施策略。

2.2 研究意义

(1) 在大力发展小城镇建设的国家战略方针指导下，探索以小城镇为中心的防风治沙植被恢复/重建新模式，对现有和未来的城镇防风治沙工作起到借鉴作用。

(2) 研究生态限制因子对防风治沙植被生长及生理生态过程的影响，阐明植物对恶劣环境胁迫的适应机制，对利用生态恢复理论指导防风治沙植被恢复与重建技术发展具有重要实践意义。

(3) 提出适合半干旱区城镇防风治沙植被的优化配置模式，丰富治沙工程理论。

第二章　研究现状

1　植被恢复与重建研究的形成与发展

近几十年来，人口急剧增长、社会经济发展和资源的高强度开发等引起的人为干扰胁迫是一个全球性的问题，直接或间接导致了生态系统的退化，其最明显的标志是生态系统初级和次级生产力降低、生物多样性减少或丧失、土壤养分维持能力和物质循环效率降低、外来物种入侵和非乡土固有种优势度的增加等。生态环境退化已严重威胁着人类的发展。2000 年以来，减缓和防止自然生态系统的退化，恢复重建受损的生态系统，越来越受到国际社会的广泛关注和重视。联合国教科文组织“人与生物圈计划”（MAB）的中心议题与宗旨，就是运用生态学的方法，研究人与环境的关系，特别是人类活动对生态系统的影响，以及在人类活动影响下资源的管理、利用与恢复。

1975 年在美国弗吉尼亚工学院首次召开的题为“受损生态系统的恢复”国际会议，专门讨论了受损生态系统的恢复和重建，深入探讨了生态恢复过程中的原理、概念和特征，提出了对加速生态恢复和重建的初步设想、规划和展望。1984 年 10 月在美国麦迪逊举行的恢复生态学学术研讨会上，来自美国和加拿大的 300 多位生态学家向会议提交了 14 篇生态恢复的正式报告。

1987 年 Jordan 等主编了第一本生态恢复研究的专著《Restoration Ecology》。1989 年 9 月在意大利 Siena 举行的第 5 次欧洲生态学研讨会上把生态系统恢复作为该次会议讨论的主题之一。1992 年恢复生态学杂志在美国创刊发行。1994 年 8 月在英国曼彻斯特举行的"第六届国际生态学大会"就包括生态恢复在内的 15 个现代生态议题进行了广泛的学术交流。1993 年英国学者 Bradshaw 发表了《Restoration Ecology Science》一文，确立了恢复生态学的学科地位及其在退化生态系统恢复中的理论意义。根据三大生态学期刊 Ecology，Oecologia 和 Oikos 在 1987—1991 年期间发表的论文中概念出现的频率和英国生态学会调查会员对生态学概念受重视程度排序结果的分析，生态恢复被列为最受重视的生态学概念之一。1997 年，著名刊物 Science 连续刊载了 7 篇关于生态恢复的论文，1998 年美国生态学会年会大会主题发言均涉及恢复生态学研究的核心内容，在 Nagano 召开的国际植被科学学会 2000 年大会（Intemational Assoeiation of vegetation scienee，2000 Congress，Nagano）也将恢复生态学列为第一主题。近十多年来，受损环境生态恢复已引起日益广泛的重视并得到迅速的发展。退化生态环境的恢复与重建已成为当前生态学研究的热点之一，退化生态系统植被的恢复（Vegetation restoration of degraded ecosystem）已成为恢复生态学学科的热点问题[20]。

恢复生态学是研究生态系统退化的原因、退化生态恢复与重建的技术与方法、生态学过程与机理的科学。研究内容主要涉及两个方面，一是对生态系统退化与恢复的生态学过程，包括各类退化生态系统的成因和驱动力、退化过程、特点等；二是通过生态工程技术对各种退化生态系统恢复与重建模式的试验示范研究，主要目标是恢复被损害的生态系统到接近于它受干扰前的自然状况，即重建该系统干扰前的结构与功能有关的物理、化学和生物学特征。

1.1 国外植被恢复与重建研究概况及特点

近十多年来，国外就恢复生态学的理论与技术开展了大量的研究。美国早在20世纪30年代就成功恢复了一片温带高原草原。随后在20世纪60—70年代就开始了北方阔叶林、混交林等生态系统的恢复试验研究，探讨采伐破坏及干扰后系统生态学过程的动态变化及其机制研究并取得了重要发现，20世纪90年代开始的世界著名的佛罗里达大沼泽的生态修复研究与实验至今仍在进行。欧洲特别是中北欧各国（如德国）对大气污染（酸雨等）胁迫下的生态系统退化研究较早，从森林营养健康和物质循环角度已开展了深入的研究，迄今已近20年，形成了独具特色的欧洲共同体森林退化和研究分享网络，并开展了大量的恢复实验研究。英国对工业革命以来留下的大面积采矿地以及欧石楠灌丛地（heartland）的生态恢复研究最早而且很深入。北欧国家对寒温带针叶林采伐迹地植被恢复开展了卓有成效的研究与试验。在澳大利亚、非洲大陆和地中海沿岸的欧洲各国，研究的重点是干旱土地退化及其人工重建。此外，澳大利亚对采矿地的生态恢复也是一个研究历史长、研究深入的重点方向；美国、德国等国学者对南美洲热带雨林、英国和日本学者对东南亚的热带雨林采伐后的生态恢复也有较好的研究。近年来，西方恢复生态学研究进展可总结为如下三个方面：一是退化生态系统营养物质积累和动态，提出资源比率的变化最终可导致群落物种组成成分的变化，即资源比率决定生态系统的演替过程；二是外来物种对退化生态系统的适应对策；三是生态环境的非稳定性机制[21]。

国外生态恢复研究主要表现出如下特点：（1）研究对象的多元化。主要包括森林、草地、灌丛屯水体、公路建设环境、机场、采矿地、山地灾害地段等在大气污染、重金属污染、放牧、采伐等干扰体影响下的退化与自然恢复；（2）研究积累性好、综合性强，涉及生态功能群的方方面面如植被、土壤、气候、微生物、动物；（3）生态恢复研究的连续性强，特别注重受损后的自然生态学过程及其恢复机制研究；（4）注重理论与实验研究[22]。

1.2 国内植被恢复与重建研究进展及特点

我国是世界上生态系统退化类型、山地生态系统退化最严重的国家之一，也是较早开始生态重建实践和研究的国家之一。从20世纪50年代开始，我国就开始了退化环境的长期定位观测试验和综合整治工作。50年代末，华南地区退化坡地植被恢复；70年代“三北”防护林工程建设；80年代长江中上游地区的防护林工程建设、水土保持工程等一系列生态恢复工程。从20世纪80年代末起，在农牧交错区、风蚀水蚀交错区、干旱荒漠区、丘陵山地、干热河谷和湿地开展了退化或脆弱生态环境及其恢复重建的大量工作；90年代开始的沿海防护林建设研究，提出了许多切实可行的生态恢复与重建技术与模式，先后发表了大量的有关生态系统退化和人工恢复重建的论文、报告和论著，如《中国退化生态系统研究》（1995）、《生态环境综合和恢复技术研究》（1993，1995）和《热带亚热带退化生态系统植被恢复生态学研究》（1996）。在实践上，已有了一些成功的小流域生态恢复实例。

在生态环境保护研究中，中国科学院开展了“中国生态环境预警研究”、“中国森林生态系统的结构、功能和生产力研究”、“环渤海土地利用变化与土地持续利用模式”、“青藏高原典型地区土地利用与土地覆盖变化及其优化调控基本理论研究”、“三峡工程建设对区域生态环境影响评价及其对策”、“三峡移民工程中的生态环境保护研究”、“中国生态环境区划”等。20世纪50年代末和60年代初开展了“华南侵蚀地的植被恢复研究”、“干旱河谷人工植物群落结构和优化调控研究”、“热带亚热带常绿阔叶林恢复生态学研究”、“红壤丘陵坡耕地土壤退化防治研究”、“西部亚高山退化森林恢复与重建的生态学过程及调控研究”以及“人为干扰对生态系统结构和功能的影响”等，已取得了一系列重要的进展和成果，推动了我国生态环境保护与建设，进行了大量的基础和试验示范性工作，在理论方面取得了重大进展，很多工作居国内领先地位，部分达国际先进水平。

中国科学院在全国建立的50余个长期野外试验研究站，已形成了初具规模的植被恢复和生态建设试验基地网络。如东北的林—草—农生态系统，华北地区的林、草生态系统，在华中地区的水体生态系统，华南地区的热带南亚热带森林，西南地区的西南山地森林、高山亚高山草地和干旱河谷灌丛，西北的高寒草地等植被恢复和重建研究基地，为系统研究我国各主要生态环境区的植被恢复重建奠定了良好的基础。在植被恢复重建的理论研究方面，形成了以生态演替理论和生物多样性恢复为核心，注重生态学过程的多层次的、时空优化调控的植被恢复与重建研究，如对红松林、亚热带的杉木林地力衰退的研究；在华北地区以及北方地区注重研究生态生物多样性和草地生产力恢复过程的，如对落叶阔叶林、内蒙古草原、毛乌素沙地植被恢复；在华南地区注重研究严重土壤侵蚀治理和水土流失控制为特色的南亚热带森林植被恢复和重建的研究；在西北地区注重以草地改良和鼠害防治为特色的退化高寒草地恢复重建研究；在西南地区注重横断山区山地系统（干旱河谷、亚高山、高山、高原）环境和植被（农、林、草）恢复重建、特色资源保护和开发、与地方社会经济发展合理兼顾的理论和技术试验示范相结合的流域（群落）系统恢复重建的研究与示范。在恢复重建的技术与应用研究方面，已成功研究了不同自然条件下的物种筛选技术、栽培环境优化调控技术、群落结构调控技术、水土保持技术等，初步建成大面积的生态建设综合试验示范基地，如岷江上游的大沟流域山地生态建设综合试验示范区、金沙江流域宁南县的坡地农业持续发展试验示范区、华南电白县小良的土壤侵蚀地重建试验示范林等。目前相关技术和试验模式已经在相关区域大面积推广应用，取得了良好的生态、经济效果。

回顾我国近 40 年来的生态恢复重建研究，主要特点有：(1) 试验实践重于基础理论研究，即注重生态恢复重建的试验与示范研究；(2) 注重人工重建研究，特别注重恢复有效的植物群落模式试验，相对忽视自然恢复过程的研究；(3) 大量集中于研究砍伐破坏后的森林和放牧干扰下的草地生态系统退化后的生物途径恢复，尤其是森林植被的人工重建研究；(4) 注重恢复重建的快速性和短期性；(5) 注重恢复过程中的植物多样性和小气候变化研究，相对忽视对动物、土壤生物（尤其是微生物）的研究；(6) 对恢复重建的生态效益及评价研究较多，特别是人工林重建效益，尚缺乏对生态恢复重建的生态功能和结构的综合评价；(7) 近年来开始加强恢复重建的生态学过程的研究[23-25]。

1.3　植被恢复与重建研究存在的主要问题

综观国内外近 40 年来的生态恢复重建研究，存在的主要问题有：(1) 虽然对生态系统退化的总体框架已有所认识，但尚显肤浅。如退化生态系统的成因和干扰体及其驱动机制、退化的生态过程及其机理研究等方面，是当前退化生态系统亟待深入研究的关键和核心问题，是进行退化生态系统恢复与重建的必要条件。(2) 退化生态系统恢复与重建模式的试验示范研究还停留在一些小的、局部的区域范围内或单一的群落或植被类型，缺乏从流域整体或系统水平的区域尺度的综合研究与示范，也缺乏对已有的模式随着时间推移和经济发展的需求而变化的优化调控研究。(3) 系统退化的根源是区域或地方产业与经济发展过程中的人为干扰。生态退化引发的自然灾害严重威胁退化区域的城镇、工矿、电站及公路等基础设施的安全，增加经济建设成本，加剧了区域贫困程度和封闭程度，成为区域社会经济发展的主要限制因素，导致生态环境保护与经济发展的矛盾尖锐，使生态重建的任务变得复杂而艰巨。其艰巨性不仅表现在逆转生态退化过程所必须解决的一系列生物学、生态学难题，同时还必须满足山区人民生活和地区经济发展的需要，解决与之相关联的社会学问题。因此生态重建不仅仅是一个自然的、技术的过程，必须以人为本，在生物可行性的基础上，对区域产业结构进行调整，寻求经济上合理、政策上可操作的重建模式，在进行生态系统重建的同时改善区域人类生存条件，实现经济可持续发展的最终目标。生态恢复重建若不考虑与地方产业与经济开展结合，最终将难以真正实现，尤其是在发展中国家[26]。目前的恢复重建目标集中在生态学过程的恢复，忽视了与地方社会经济发展、区域脱贫等现实的有机整合。生态建设与区域经济结合的关键问题是，如何把产业链（产前、产中、产后、流通、市场）与生态链，即以生态系统结构网络（包括食物链）为中心，以生物多样性为基础，根据区域的社会经济和自然特点，进行有机整合，并相应建立可持续的地方生态产业。(4) 生态环境恢复与重建的最终目标之一还在于保护恢复后的自我持续性状态，这就要求建立一系列的生态可持续性指标，对恢复前后的变化进行长期监测、对比和判断，并对恢复结果进行合理有效的评价。因此恢复生态学研究的一个重要方面是建立生态系统可持续发展的指标体系，目前，这方面借鉴的范例还较缺乏。(5) 在流域系统范围进行生态重建在世界上尚属少有。在一个自然本底复杂、生态与发展矛盾突出的地区进行大规模的生态重建，不仅是一个自然过程，也是经济投入与产出、资源开发与管理的社会经济过程。生态重建过程中的经济行为同样是重建与恢复成功与否的关键。对生态重建过程中的经济行为研究尚属空白，在自然—经济—社会复合组成部分的生态系统重建中如何促进流域社会经济发展也是大规模生态重建所必须面临的问题。(6) 生态恢复重建是一项复杂的系统工程，虽然在恢复重建的理论和方法已经有过一些研究和探索，但恢复重建的理论体系和技术体系尚未形成。缺乏从理论上深入研究恢复重建的基础理论问题如生态系统的稳定性及其变化、物种对系统退化环境的响应与适应、生态系统退化和恢复重建机理等，从而导致在恢复重建技术方法的应用上的盲目性和不确定性。在生态环境退化极为普遍而严重的今天，积极开展生态恢复重建的关键基础理论研究和大面积的生态恢复重建实践、尽快发展有中国特色的生态恢复重建理论体系和技术体系，促进我国自然、社会和经济的可持续发展是当前一项十分艰巨的任务[27]。

2　防风治沙植被恢复与重建工程实践

2.1　国外植被恢复与重建工程实践

利用植被防风治沙最初出现于欧洲中部的沿海国家，德国人 J. D. 提丘斯第一个从理论上提出造林治沙，认为“治沙唯一的根本防治方法，就是种植植被，恢复过去的森林”[28]。19—20

世纪中期，防风治沙植被恢复与重建进入了第一个新的阶段：植物沙障、沙地植被得到进一步发展，灌木治沙成为草原地区、荒漠、半荒漠地区的主要措施；沙地人工植被的配置上从单一栽植乔木的沙地造林阶段，发展到乔、灌、草结合的植物治沙阶段[29,30]。

苏、美、英等国继承了前一阶段的治沙造林成果，并向纵深扩展，防风治沙植被恢复与重建工作出现了新内容：苏联增加绿伞、避风林、放牧林，形成复层结构草场，提高放牧草场的生产力和抗风蚀能力；新西兰、澳大利亚等国实施疏林草原建设工程，以色列实施草原稀疏化工程；西亚和北非在干旱和半干旱土地上栽种饲料树种和灌木 100 万 km^2，在控制侵蚀和沙漠化方面发挥了积极的作用[31]；萨赫勒北部的阿尔及利亚，建立了人工小盆地绿洲模式；中亚沙漠区的土库曼斯坦，在绿洲外围和内部营造防沙林及护田林网，在石油和天然气矿区和铁路、公路沿线，采用植物治沙等方法固定流沙[31]；卡拉库姆东南的列比捷克沙漠以防止铁路沙害为主，通过植物措施与机械措施相结合固定流沙，进行生物圈的自然保护等综合措施建立防护模式[9]；亚洲西部的伊朗，广泛采用覆盖石油产品结合栽种治沙植物的技术模式固定流沙[32]；日本采用乔、灌、草相结合的栽植措施，将鸟取东部海岸线流动沙丘改造成为松林、草灌为主的固定沙丘景观[33]。

总之，荒漠化防治已经成为全球性环境科技研究热点，许多国家根据本国的实际情况，制定防风治沙植被恢复与重建技术行动方案。但是，当前在科技发达的欧洲和北美国家，城镇几乎不受风沙灾害的影响，因而缺乏有关城镇防沙的成果报道；非洲撒哈拉沙漠及周边地区的城镇受风沙危害程度重、数量多，但受经济和科技发展水平低下的制约，至今未见与城镇防沙相关的成果。

2.2　国内植被恢复与重建工程实践

我国防风治沙植被恢复与重建的研究工作，在中华人民共和国成立以前，基本上是一片空白领域。自20世纪50年代末期到60年代初期开始，开展对沙漠基本情况的考察和有关治理措施的试验研究，才逐步开展并实施防风治沙植被恢复与重建工程[34]。防风治沙植被分布地带广阔，西北荒漠地区干旱地带——新疆和田与甘肃临泽为代表，从50年代开始，就结合封沙育草，营造宽窄不一的大型防风阻沙林带，形成绿洲防护体系；沿河西走廊通过在绿洲内着重封育和保护荒漠天然梭梭林、天然胡杨林，在绿洲边缘营造大型防风阻沙林带，防止流动沙丘和风沙流对绿洲的入侵。我国北方半干旱地带——以毛乌素沙地和科尔沁沙地为代表，主要采用人工植物和飞播植物防风治沙，取得良好效果。半湿润及湿润地带，如淮海平原，江西省南昌市附近赣江沿岸均采用防护林体系进行风沙防治[9,35,36]。

防风治沙植被的防护对象各有不同，植被恢复与重建工程对铁路、公路、农田、矿区及新绿洲建设等方面都起到积极作用[37]。包兰铁路沙坡头段是植被对铁路防护的代表，首先在铁路沿线设置草方格沙障，其次障内栽植治沙植物花棒（Hedysarum scoparium）、油蒿（Artemisia ordosica）、柠条（Caragana korshinskii）等，在无灌溉情况下形成人工植被，成为世界防风治沙工程典范；兰新铁路，采取引水灌溉营造乔灌结合的防护林与保护外围天然植被结合方式形成防风治沙体系；内蒙古东部的沙通铁路通过奈曼附近的流动沙丘地段，也采取了植物防风治沙为主工程措施为辅的防护体系[38]。纵贯中国最大的流动性沙漠——塔克拉玛干沙漠腹地的塔里木石油公路，在公路沿线设置芦苇方格、芦苇排相结合的固阻防护系统，还建立绿地先导实验，验证了植物措施在自然条件极为严酷的塔克拉玛干沙漠腹地的可能性。陕西榆林和内蒙古奈曼旗采用护田林网，改良沙土为农田的措施成为我国西部与东部农牧交错区植被护农田的代表。内蒙古鄂尔多斯的神华集团东胜精煤矿区对矿区内“点”——矿区内居民点、露天矿等，“线”——矿区内公路，“面”——矿区北部风口地带大面积流动沙丘区，分别采取不同的植被防护措施，基本组成了煤矿开发建设区的防护体系，已使 78.9km^2 流动沙丘得到了固定，明显起到保护环境作用[9]。中国遭受风沙危害的城镇众多，针对少数面临生存危机的城镇开展防沙实践，已有10余年的时间，取得了一些初步成果[39-42]。直接针对城镇防沙的工程仅有西藏狮泉河镇防沙工程[43-44]，但在长期防沙治沙实践中，有很多值得借鉴的成果，包括半干旱区的榆林市和赤峰市区域防沙治沙工程[45]以及半湿润区的北京延庆区域防沙治沙工程[46]。

西藏阿里地区西南部狮泉河镇位于极端高寒干旱区，自20世纪80年代以后，风沙灾害尤为严重，冬半年平均约 20000m^3 流沙侵入城镇，街道和房屋前后的积沙厚度20—180cm。自1990年以来，针对狮泉河镇开展了五期防沙工程技术研究，并实施了第一至第三期防沙工程，总面积达 15.35km^2。防沙工程针对狮泉河盆地风沙活动特征、自然和社会经济条件，采用了砾石沙障、班公柳防护林带、障带间种植披碱草和辅助措施相结合的方法，形成了完善的“砾石沙障＋防护林带＋人工草地＋灌溉系统”“四位一体”工程技术体系。砾石沙障具有良好的防风阻沙性能，可就地取材，工程使用寿命较长，便于在戈壁上施工；林带为林、灌结合结构，物种选用在当地良好生长的班公柳，经修剪抚育后与砾石沙障相辅相成，共同构成防护体系的空间骨架，成为戈壁风沙流运移路径上不可逾越的屏障；人工草地切断风力对松散地表组成物质的直接作用；灌溉系统为林草工程提供必需的水源保障[43-44]。治沙工程充分利用了狮泉河盆地沙害防治的有利条件和资源，遵循了因地制宜、因害设防的防沙工程设计基本原则，经不断改进和优化，已成为成熟的技术，取得了圆满成功。半干旱区城市区域防沙工程的典型有榆林模式和赤峰模式，这两种模式最初的设计都不是针对城镇，而是在客观上起到了城镇防风固沙的作用。位于毛乌素沙地南缘与黄土高原接壤地带[47]的榆林市，属半干旱大陆型气候，风沙对城市环境的污染十分严重[48,49]，榆林市周边地区形成的治沙工程模式，主要体现在自毛乌素沙地向榆林市区建立的三条环状治理带：毛乌素沙地边缘固沙和薪炭林带，它同时起阻止流沙前移掩埋农田的作用；防护林网和农田带，此带内的防护林网有效地保护着农田免受风沙侵袭，成为榆林市郊最重要的粮食生产区；农、牧高效生产带，此带内集中发展高产牧草、高效庭园经济、日光温棚种植和舍饲养殖等[49]，实现高投入高产出的高效经济模式。地处科尔沁沙地和浑善达克沙地的结合部的赤峰市，由于过度开发和利用土地，造成草原退化和土地沙质荒漠化，严重制约该市的可持续发展[50]。赤峰治沙工程模式相对而言还不够成熟，它主要是通过沙坨地营造草场防护林，沙丘地封沙育草和种植、飞播沙生植物；在甸子地建立牧户“小生物圈”，形成生产生活区、防护圈、封育圈和缓冲圈模式；压缩旱作农田面积，扩展生态建设和保护区。榆林和赤峰治沙工程模式最初只是为了满足该区域的防沙治沙需要，破解沙进人退、可利用土地资源丧失的困局，并非目的明确地建立城镇防沙技术模式，但在客观上对城镇防沙技术和模式研究具有重要的参考价值。随着各项沙质荒漠化防治工程的进展，榆林和赤峰模式在工程技术体系方面将更加完善，为城镇防沙技术和模式研究提供更多和更成熟的参考。

以北京市为代表的半湿润区城镇防沙工程模式还处于研究阶段，近年来邹学勇等人考虑到延庆县是北京市上风向的主要风沙通道，通州区是北京市下风向的平原区，选择延庆县和通州区为典型区域，以这两个县（区）的县城为防护对象，结合风洞模拟和实地观测结果，开展了多种技术试验。根据北京市土地资源稀缺、自然条件相对较好的特点，尽可能将防沙工程与发展经济有机结合，在以下两个层面上取得初步成果：宏观层面上，建立和完善北京市外围的燕山和西山生态涵养圈；健全北京市远郊平原区防护林功能圈，增加该圈层内的防护林面积、完善林网结构；完善市区边缘绿化圈[46,51]。在各圈层内部的防沙技术层面上，外围生态涵养圈重点建设房山西南部生态涵养林，维持京北和京西生态涵养区现状；远郊平原区防护林功能圈内，重点将田、草、林的面积比例调整为85%、5%、10%，普及农田耕作管理技术，推广林草间种[52]、林药间种等技术[53]；市区边缘绿化圈主要包括森林公园、绿化隔离带、草地、水体和运河等建设。

国内外实践证明，利用植被栽植技术是防治风蚀、固定阻截流沙和防治土地沙漠化的基本措施[54]。上述这些植被恢复与重建典型工程，涉及我国极端干旱、半干旱、半湿润及湿润地带不同的自然条件，不仅有农业方面的经验，也有工矿交通方面的经验，但目前对半干旱地区城镇防风治沙植被恢复与重建工程的报道还不多见。

3 防风治沙植被恢复与重建技术原理

城镇防沙治沙植被恢复与重建的技术原理，首先要考虑防沙植被对风沙的阻截效果；其次针对城市土地资源缺乏的特点，努力提高土地利用效率，尽量选择经济价值较高的植物，提高被利用土地的经济产出；再次要考虑城市周边的景观美化问题。归结起来不仅要考虑植物种的特性和经济价值，还要考虑植物的密度与配置[13,55]。

3.1　防风治沙植物种选择

植物种的选择是植物防风治沙的关键所在，植物种选择正确与否，将直接关系到防风治沙体系的建设成败及其防风治沙效益的发挥[56]。归结起来防风治沙植物种的选择要综合考虑以下几点因素：第一，能适应当地气候带环境条件，主要挑选当地乡土植物种；第二，具有适应沙地生长的基本生物特性，如不怕干旱、风蚀、沙埋，繁殖能力强，能在恶劣环境中实现自我更新[57]；第三，防风治沙能力强，一般要求植物个体的空间结构适宜，分枝多，冠幅大，根系发达[58]；第四，要考虑植物种在植被演替中的功能与作用[59]。要求一种植物完全具有以上特点是困难的，只有将各种植物特点进行比较才能做出适当的选择，因此学者们从多方面研究防风治沙植物种的特性[60]。

（1）植物种地带性。防风治沙所选用的植物种，首先取决于生物地理带，因此世界各国的治沙植物种有所不同；同时，选用的治沙植物种和防护林树种又受治理地段生态条件的限制。一般认为，年降水量400mm以上的地区，为乔木适栽区；年降水量350—250mm一般是抗旱乔木的下限，为灌木适栽区；降水量250—200mm为营造耐旱灌木的临界值；降水量低于200mm只能灌木造林。但根据目前的实践，无灌溉条件下的宜林界限在季风气候区为150—200mm[61]。我国毛乌素以至整个鄂尔多斯沙区主要采用籽蒿（Artemisia sphaerocephala）、杨柴（Heclysarum mongolicum）、沙柳（Salix cheilophila）、柠条、花棒等；我国西部河西走廊绿洲周边多采用胡杨（Populus eupharatica）、梭梭（Haloxylon ammodendron）、多枝怪柳（Tamarix ramosissima）等；在科尔沁沙地主要采用差不嘎蒿（Artemisia halodendron）、小叶锦鸡儿（Caragana microphylla）及胡枝子（Lespedeza bicolor）等。

北非阿尔及利亚的撒哈拉荒漠绿洲中，防风治沙植被是以人工栽植的枣椰林为主；伊朗采用的主要治沙植物有：梭梭、宽翼霸王（Zygophyllum eurupterum）、羽裂三芒草（Stipagrostis pennuata）等；日本东部海岸线鸟取等地采用松树为主，辅以合欢（Albizzia julibrissin）、刺槐（Robinia pseudoacacia）、赤杨（Alnus firmasiebot）等灌木[62]。这些植物种都是适应其特殊生境的乡土植物种，都具有一定的防风治沙功能。

（2）植物种生物学特性。植物自身抗旱性，根系分布状况，耐沙埋程度，繁殖特性[63,64]等生物学特性是防风治沙植物种筛选的重要依据。油蒿具有抗旱、耐沙埋、抗风蚀、扎根深、分枝多、结实率高等生态生物学特征[65,66]，籽蒿根系粗大、深长，茎、枝抗风沙压埋，萌蘖能力强，种子富含粘胶状物质等特性[67,68]，特别适合于在流动或半流动沙地上生长，可成为流动或半流动沙地上的优势种或建群种[69]。杨柴具备在沙漠和沙地中生长的能力，其抗旱生结构的产生，抗风蚀、沙埋的生理机制和无性系繁殖的对策都是其在沙漠和沙地中生存的手段，是优秀的治沙先锋植物[70]。中间锦鸡儿幼苗通过加大地上部分生物量，拉伸茎干，增加新的叶片的方式，来弥补沙埋造成的叶面积损失，增大光合面积，增加物质生产，尽快摆脱沙埋的胁迫，表示中间锦鸡儿长期适应沙地环境，也是一种优良的防风治沙植物[71]。还有一些植物幼苗的地上部被沙埋掉，能够增强幼苗的活力，萌发更多的分枝及叶片，促进幼苗生长，比较适合沙地生长环境[72-77]。

以上研究总结出油蒿、籽蒿、杨柴、小叶锦鸡儿、沙木蓼（Atraphaxis bracteata）、沙地柏（Sabina vulgaris）等大批适合我国干旱、半干旱地区防风治沙的优良植物种，为防风治沙植物种的选择提供有益参考[78-81]。

（3）植物种防风治沙能力。干旱、半干旱的区植被恢复的生态建设过程中，需要决策的首要问题是应该选择哪种类型植被，才能获得最大的防风治沙效应。就乔、灌、草植被类型而言，防风效应的一般次序为：灌木 > 草本 > 乔木[82]。不同的植物种防沙功能有所差异[83]，植株通过三种方式阻止地表风蚀或风沙活动：①覆盖部分地表，使被覆盖部分免受风力作用；②分散地表以上一定高度内的风动量从而减弱到达地表的风动量；③拦截运动沙粒促其沉积；上述三种形式的作用都是通过下垫面与气流流场相互作用来实现的，因此植物个体的空间结构成为防风治沙能力考虑的重要因素之一[84-88]。沙蒿、花棒株型为疏散丛生型个体空间构型，柠条株型为中间丛生型，油蒿株型为紧密丛生型；近地面 0—50cm 层的阻风阻沙作用效果由强到弱依次为油蒿 > 沙蒿 > 柠条 > 花棒[89]。毛乌素沙地 5 种常见植物降低风速性能从大到小的次序为：沙蒿 > 芨芨草（Achnatherum splendens）> 杨柴和牛心朴子（Cynanchum komarovii）> 旱柳（Salix matsudana)[90]。在库布齐沙漠与黄河河岸之间的生态过渡带，5 种常见的天然灌草植被群落类型在近地面（10cm）防风效应从大到小的次序是：赖草群落（Leymussecalinus）> 芨芨草群落（Achnatherumsplendens）> 拂子茅群落（Calamagrostisepigejos）> 白刺群落（Nitrariatangutorum）> 柠条群落（Caraganaintermedia)[91]。

（4）植物种在演替中的功能与作用。植被顶级群落是经过漫长的群落演替之后形成的结构稳定，生物量丰富，利用环境最充分的群落，这种群落是植物与环境长期相互作用的结果，其维护生态环境方面的作用也最大[92-94]。但要将退化生态系统恢复成为顶极生态系统，有时采用最大多样性方法，尽可能地按照该生态系统退化以前的物种组成及多样性水平种植物种进行恢复，大量种植演替成熟阶段的植物种，忽略先锋植物种；有时采用物种框架方法，建立一个或一群物种，作为恢复生态系统的基本框架，这些物种通常是植物群落中的演替早期阶段植物种；有时还需要把先锋植物与中期植物互相配置[95-97]。因此在进行防风治沙人工恢复与重建时，应按照植物演替的发展规律，挑选适宜植物种，在植被群落演替研究的基础上提出不同环境条件下最具可持续发展性的植物种类[98-104]。鄂尔多斯高原沙地，杨柴在演替初期优势地位较高，随后油蒿逐渐入侵，最后取代杨柴成为群落建群种，这两种优势半灌木不但种群的时空格局不同，对地区植被恢复/重建中的作用也不同[105.106]。古浪县东北部明沙嘴的封育植被，在演替更新过程中，柠条、花棒、沙蒿逐渐衰退，油蒿形成单一优势种顶级群落，成为当地主要治沙植被的优良植物种[91]。腾格里沙漠东南缘宁夏沙坡头地区，珍珠（Salsoa passeina)、红砂（Reaumuria songarica）群落被认为是沙地植被顶级，但在人工植被恢复/重建时却采用偏途顶级群落的油蒿和柠条为主要防风治沙植物种[107]。

3.2 防风治沙植被密度

在防风治沙植被恢复与重建过程中，合理的密度配置是植被可持续发展的关键[108]。应在水分平衡的基础上，从植被防风治沙效应、植被生长状况、植被群落结构以及植被根系的分布特点等因素考虑[109,110]，制定科学的防风治沙植被密度配置措施。

（1）密度与水分平衡。植物蒸腾耗水量是其生态需水量的一部分，也是确定其生态需水量的基础，对恢复/重建植被的密度配置具有重要理论指导意义[111]。目前主要通过水文学法、微气象学法、植物生理学法、红外遥感法和 SPAC 水分传输模拟法等方法计算植物蒸散耗水量[112-117]。在植物蒸腾耗水变化规律的基础上[118-120]，结合土壤水分状况，研究植被水分平衡与植被密度关系[121]，从多个角度为防风治沙植被的密度设计提供理论依据。主要根据水量平衡公式：$G = P - \Delta W$，P 为降水量

(mm)，G 为蒸散量（mm），ΔW 为某一时段土壤贮水量变化(mm)，即生长期土壤水分状况和水分平衡要求，得出适宜植被配置密度[122]。同时也考虑同种、不同龄植物群落土壤水分及蒸腾耗水的差异[123]；沙地植被根系分布特点[124]；坡度、坡向、植被密度与土壤水分的关系[125]，综合设计合理的植被密度。

（2）密度与防风治沙效应。防风治沙植被的防护效应与造林密度、近地表林木分枝数和草本植物盖度紧密相关[126-128]，通常用防风效益和输沙量两个重要指标讨论防风治沙林防护效应与植被盖度（密度）的关系。（设计防风治沙植被工程时，植被盖度是由密度来体现的，二者经常相互转换。）土壤风蚀速率与植被密度之间从理论上推导呈指数关系，通过风洞试验得出二者的关系为：E = 830.14 ×（8.20 × 10 − 5）VCR，式中，E 为风蚀速率（g/min），VCR 为植被密度，以百分数表示[129]。高灵敏度天平模拟测定不同密度和分布的灌丛植物拖曳力的结果表明，密度稀疏植被也同样具有防风蚀的作用[130,131]。风蚀输沙率与植被粗糙元密集度之间的定量关系模型：Q = 300（u − u_t）· 3e − 25Lc，式中 Q 为风蚀输沙率，u、u_t 分别表示风速及沙粒起动的风速，Lc 为植被覆盖粗糙元密集度，用植被粗糙元密集度来表达植被的防治效益[132]。毛乌素沙地植被覆盖率与风蚀输沙率之间的定量关系模型建立在 Bagnold 输沙率公式的基础上，可定量描述风速变化下相应的植被有效盖度、密度[133]。

（3）密度与生长状况。密度配置是关系到防风治沙植被能否生存和生长状况的关键技术[134]。由于防风治沙植被，尤其是治沙林的生物生产力优势带来一定的经济和社会效益，越来越多的研究集中在防风治沙植被密度与生长关系，并将植被生长状况因素作为防风治沙植被密度配置的考虑因素之一[135]。密度与治沙林木胸径、株高、冠幅、单株材积以及林分单位面积木材蓄积量关系密切，林木的胸高比、植株稳定性等生长状况指标都随治沙林密度的降低而增大[136,137]。对灌木植物来说，能够达到生长健壮，寿命延长，不断有自繁育苗补偿时的密度是较适宜密度，腾格里沙漠东南缘飞机播种区，籽蒿的适宜密度为 1 株/m^2 左右[138]。

(4) 密度与群落特征。群落系统的稳定性和可持续性是评价植被恢复成功与否的重要标志[139,140]，不同种植密度对植物群落稳定性又有较大影响，在植被恢复与重建中占有重要地位[141]。随着治沙植被种植密度的下降，植被下土壤物理性质得到改善，植物种类也逐渐增加，个体重要值相对下降，各项生态指数不断升高，群落结构逐渐变得相对复杂并逐渐向稳定阶段发展[142]。可以通过比较不同种植密度与植被的植物物种数、群落盖度、群落物种多样性指数、生态优势度指数等植物群落的动态变化特征，讨论区域恢复/重建植被的适宜种植密度[143]。上述研究都为防风治沙植被密度设计提供理论依据。

3.3　防风治沙植被配置

(1) 植物种配置。林草配置的原则是依据植被地带分布规律确定不同地区适宜的人工植被类型，选择地带性植被优势种作为主要造林树种，模拟天然植被结构实行乔灌草复层混交是快速建造稳定植被的科学途径。京津周边地区内蒙古沙源区治理模式宜选择柠条、沙棘（Hippophae rhamnoides）、山杏（Armeniaca sibirica）、沙打旺（Astragalus adsurgens）、草木樨（Reseda odorata）、冰草（Agropyron cristatum）为主要植物种，林草比例为 7∶3 的配置方式[144]；科尔沁沙地治理区宜采用的乔、灌、草种配置为落叶松（Larix gmelinii）、樟子松（Pinus sylvestris var. mongolica）、油松（Pinus tabulaefor mis）、杨树（Populus）、沙棘、柠条、苜蓿（Medicago sativa）、羊草（Leymus chinensis）、冰草等，林草比例为8：2[38]。

在不同的环境条件下，不同的植物相互作用（主要是种间、种内竞争）关系也是防风治沙植物种配置研究的重点之一。包括植物的化感作用（即植物通过淋溶、挥发、残体分解和根系分泌向环境中释放化学物质，而对周围植物产生间接或直接的有害或有利的作用）[145,146]、种间与种内光竞争、水分竞争等。油蒿具有一定的化感作用，其分泌物对其他植物种子的萌发有不同程度的影响，因此需挑选对其抑制作用不敏感的物种进行配置[147]。光竞争是植物产生自疏的必要条件，油蒿种群缺乏光竞争，没有自疏现象的产生；杨柴通过根状茎繁殖出新枝以寻找更合适的生长区域来缓解光竞争对其造成的负影响；两种植物是可以配置在一起的优良防风治沙物种[148]。

（2）配置方式。防风治沙植物栽植方位与主风向关系，栽植形状排列以及栽植的行距、间距配置是防风治沙植物栽植技术的关键。主风向对防护植被的效益产生一定影响[149]，风洞模拟防护林带与主风向呈不同夹角所带来的保护效益研究结果显示：与主风向垂直梯度上的防护植被带效益最佳[150,151]。防风治沙植被栽植形状多样，主要采用行带式、“品”字形、网格状等形式，行带式配置不但能提高水分利用率和生产力，而且林内地表粗糙度比随机配置的高5.4—114.4倍，具有显著的防止风蚀、固定流沙的作用[152]。从配置形式上看，要参考野外植物种群空间格局分布状况[153-155]。

防风治沙行距、株距的配置多根据水分生态位适宜度[156]、林分生长、抗逆性、林内光照强度、林下凋落物及林地土壤肥力的影响等因素设计挑选最佳间距配置方式[157]。当其他情况基本相同时，以宽行窄株的配置为佳[158]。

（3）配置模式。不同地形部位具有不同的小气候条件（风速、温度及相对空气湿度等）[159]和土壤条件（土壤含水量、土壤孔隙度及疏松度等)，风蚀、沙埋程度也不一[160]；不同植物种具有不同的生态适应性，只能在特定的小气候条件下正常生长发育；小地形气候条件只有满足植物种生态位条件——对位配置，植被恢复/重建才能取得较好的实际效果[161,162]。考虑适地适树，合理划分立地条件，根据立地条件类型（迎风坡、坡顶、背风坡、丘间低地）设计不同的配置模式[163]。黄柳（Salix gordejevii)、沙柳在迎风坡风蚀区生长不良，但耐沙埋，在背风坡脚沙埋区生长旺盛，适宜配置在背风坡脚和丘间低地[120]；油蒿、籽蒿适应性较强，分枝多，枝叶茂密，丛状生长，抗风蚀能力强，比较适宜配置在迎风坡[13]；花棒、杨柴幼年时期多呈匍匐状覆盖于沙面，栽植后虽然经受风蚀，但对生长影响较小，可配置于坡顶和迎风坡[110]。

根据不同植被配置模式下的生态服务功能可以优化筛选配置模式[164-166]。黄土丘陵区小流域防护林体系配置优化模式为，荒坡水土保持林 27.4%，固坡林 18.6%，沟头防护林 15.0%，梁茆顶防护林 13.8%，沟底防冲林 12.6%，梯田地埂林 6.2%，沟边固岸林 6.2%[167]。青海省大通县北川河流域退耕还林优化配置模式为：浅山区阴坡（青杨 + 枸杞，行间混交、混交比例为 1 : 2)，阳坡（川赤芍，密度 13500 株/hm^2)；脑山区，阴坡（青海云杉，密度 1695 株/hm^2)、阳坡（青杨 + 中国沙棘，行间混交，混交比例为 1 : 7)[168]。

4 防风治沙植被恢复与重建理论基础

80 年代中期以来植被稳定性成为沙漠（沙地）植被生态学、逆境生理学、恢复生态学的研究热点。由于防风治沙人工植被随着时间的推移暴露了越来越多的新问题，如毛乌素沙地鄂托克前旗的小叶杨（Populus simonii）、旱柳后期生长停滞，或趋于死亡[169]，宁夏沙坡头地区的治沙植物，特别是杨、柳等乔木在沙丘上生长数年后逐渐枯萎[170]，甘肃省民勤沙区营造的梭梭林、沙拐枣林因林地水分条件恶化而造成林分衰退甚至大面积死亡[171]，毛乌素沙地的人工植被随着沙丘固定程度的增加，土壤水分条件恶化，部分植物衰退死亡，人工植被最后的覆盖度与地带性天然植被的盖度近似[172]。科学家们开始由防风治沙植被恢复的机理上进行探索，从植被生长的限制因子机理、植被适应机理、生态系统结构机理、植物种生态位机理、植物多样性机理等角度研究如何建立能够长期稳定地与环境协调的植被，并充分利用 GIS、RS、GPS 等现代科技手段，进行防风治沙植被恢复与重建效果的动态监测，为及时提出对策提供实时的数据信息[173-179]。

4.1 生态限制因子机理

影响植物生长的生态因子有水分、光照、气温、风速、CO_2浓度等，任何一种生态因子只要接近生物的忍耐极限，就成为生物的限制因子[179-181]。植被的恢复/重建工作应该建立在了解制约植被生长关键因素的基础上，通过对这些因素的调控来促进植被的恢复生长[95]。水分条件对植物的影响广泛而深刻，它表现在生长发育的各个阶段，如种子萌发、营养生长[182]、生殖生长、开花结实，同时影响各种生理代谢过程，如光合作用、呼吸代谢、水分和营养元素的吸收转运、各种酶的活性和有机物质的转化、运输、积累等[183,184]，是植物生长、发育与繁衍的主要因素[185]，也是植被群落发生演替的主要原因[186]。强光照和高温对植物生长（包括作物产量）乃至生存均有负面影响，高温胁迫通过抑制光合作用降低植物生物量，改变幼苗构型[187]。植物生长季的平均温度超过最适温度1℃，作物产量减少17%[188,189]。风蚀、沙埋也对植物的光合、蒸腾等生理生态特征有所影响[190]，在特定的环境中决定植物生长好坏[191]。一定浓度的CO_2“施肥效应”对植被干旱胁迫有所缓解[192]，但生长在高浓度CO_2环境下的植物，其生理生态及形态等方面将会发生相应的变化[193,194]。所有环境因子都与生物体相互联系、相互制约，但大多研究表明水分条件是我国干旱、半干旱地区植物生长和植被恢复的主要限制因子[195-198]。

4.2 沙地植物水分的研究

中国有关沙生植物的研究是从20世纪60年代开始，主要侧重于中国“三北”地区荒漠植物和中生植物在自然和人工条件下的光合、呼吸和蒸腾作用特性，水分平衡特征，形态解剖结构等特征的对比研究。进入20世纪80年代，一大批先进的生理生态测试仪器相继问世，为沙生植物生理生态学的研究提供了新的研究手段，对不同植物种个体、群体的耗水模式的定量研究工作已经展开，也应运而生了大量的研究成果。刘奉觉等运用离体快速称重法、气孔计法、热脉冲法、整树容积法和微气象法对杨树人工林进行了细致的蒸腾耗水量测定，对各种方法的利弊作了说明且进行了互相订正[199]。赵明等用蒸渗仪测定了梭梭与柠条的蒸腾蒸发[200]。利用Ll—Cor公司生产的便携式光合作用测定系统，国内学者近十年来先后研究了毛乌素沙地建群植物种油蒿、中间锦鸡儿、旱柳和青杨[201]，腾格里沙漠主要建群植物油蒿、柠条、花棒、梭梭、沙米和雾冰藜[202]，科尔沁沙地主要建群植物冷蒿、差巴嘎蒿、小叶锦鸡儿的光合、蒸腾等生理生态特性[201,203]，并利用采集的大量数据，建立了几种荒漠植物的生理生态模型[204]。其他研究者则从树木蒸腾、p—v技术、抗旱特性、植物耗水量、切枝蒸腾等方面进行了广泛的研究[205-208]，并用计算机模拟干旱、半干旱区沙地灌木树种水分动态关系[209]。近年来，随着防沙治沙和生态环境建设项目的开展，越来越多的研究者开始涉猎草原、沙地植被的耗水特性及水分平衡的研究[210-216]，特别是对毛乌素沙地沙生灌木[212,217]等水分关系及其种间变异性、植物演替特征等进行了研究，对毛乌素流动沙地沙生植物的气水分关系与适宜种植规模进行了有益的探讨[218]以及对毛乌素沙地土壤水分与旱柳蒸腾、根系分布的关系的研究[219]。

4.3　沙地植物蒸腾作用

蒸腾作用是树木、乔灌木树种叶片（或茎叶）上的气孔向外界扩散水分的过程[220]。因此，气孔运动及气孔构造直接影响和调控着植物的蒸腾[221]。通过对气孔运动机制，气孔对环境的响应进行研究，可以建立气孔行为模型估算蒸腾强度[222]。影响樟子松针叶气孔阻力的环境因子依次是光合有效辐射、相对湿度、气温，其中光因子是主要因子。樟子松 2 龄叶气孔阻力（x）与蒸腾强度（y）呈负相关。$y = 246.1x - 0.95$（$R = 0.82$），并且蒸腾强度、针叶水势、气孔运动三者关系密切，樟子松 2 龄叶气孔开始关闭的水势临界值在 -16.8bar 左右，其中 80%—90% 的水分是由气孔散失[223]。利用 Li—1600 稳态气孔计对沙地柏的蒸腾速率测定结果表明，在 16：30 之前，丘顶沙地柏蒸腾速率有大幅度的振荡，而低地沙地柏相应值则呈平缓的变化趋势。丘顶沙地柏蒸腾速率的升高（或降低）均伴随叶水势的增加（或减少）；在 16：30 以后，两样地的蒸腾速率不断下降，其中丘顶的蒸腾速率下降更快，同时丘顶的气孔阻力则大大增加，直到 20：30。沙地柏日最大蒸腾速率出现在 16：30，约

3.1μg·cm^{-2}·s^{-1}，早晚8：30时其蒸腾速率约为1.2μg·cm^{-2}.s^{-1}[224]。胡杨叶片的蒸腾作用（Li—1600稳态气孔计）在其整个生长期都很强烈，一天内的蒸腾作用呈单峰型或不明显的双峰型，日蒸腾速率最大值出现在17：00时左右。同时，气孔扩散阻力随着RH的不断下降而减少，蒸腾作用增加，当RH < 15%时，气孔扩散阻力增大，叶片蒸腾作用下降，胡杨的这种反应使得其在极端干燥空气中免于过度失水，因而具有调节和保护意义[225]。对多种干旱半干旱地区固沙灌木（乔）树种的蒸腾作用测定结果表明，大部分灌乔木树种的蒸腾速率日变化呈单峰型，但蒸腾强度因树种而异，如花棒日平均蒸腾速率为300.1μg·cm^{-2}·s^{-1}约为梭梭（271.7μg·cm^{-2}·s^{-1}）的1.8倍，为乔木状沙拐枣的2.11倍，为红皮沙拐枣的2.65倍；8种怪柳中，以短穗怪柳的蒸腾速率最大，日平均值151.3μg·cm^{-2}·s^{-1}，甘蒙怪柳最小71.2μg·cm^{-2}·s^{-1}，前者是后者的2.5倍[226]。

采用伊凡诺夫快速称重法是测定蒸腾强度的又一种手段。樟子松蒸腾在一日内呈双峰曲线，两个峰值分别出现在9：00和15：00，油松、小叶杨呈单峰曲线，峰值出现在9：00，且小叶杨的蒸腾强度远远高于樟子松和油松。柠条年平均蒸腾速率（g·g^{-1}·h^{-1}）为0.9269，小叶杨为0.7177，河北杨为0.6256，北京杨为0.6007，并且蒸腾速率与叶含水率（%）相关不显著，叶含水率变化有滞后效应；而且蒸腾速率与土壤含水量的相关性也不显著，表明树种蒸腾作用不仅受土壤水分变化的影响，而且还受自身生理调控、生理阀值和年生长节律的制约。柠条的蒸腾效率在土壤干季和湿季变幅很大，极大值是极小值的2.04倍，河北杨、小叶杨和北京杨则变幅较小，极大值分别是极小值的1.735，1.667和1.899倍，这表明柠条具有适应性强的特征。樟子松、沙地柏和沙柳蒸腾日进程呈单峰曲线，峰值出现的时间因树种和测定季节的不同而异，4种植物的蒸腾强度表现为油蒿>沙柳>樟子松>沙地柏，且蒸腾速率与气温的相关性高于小枝的含水率[227]。

采用 Li—6000、Li—6200、Li—6400 便携式光合分析系统测定和分析植物蒸腾速率是近年来的主要测定手段，具有自动功能强，测定精度高等特征。经测定 8 月油蒿、中间锦鸡儿和旱柳日均蒸腾速率分别为 155.86、79.45 和 154.77mg$H_2O \cdot m^{-2} \cdot s^{-1}$；9 月分别为 45.11、32.01、70.92mg$H_2O \cdot m^{-2} \cdot s^{-1}$。油蒿和旱柳表现为高蒸腾、高光合，中间锦鸡儿则为低蒸腾低光合的特征，三树种的蒸腾速率与叶水势的相关系数达到 0.94 以上，并且蒸腾速率随着发育时期及环境条件的变化而变化[228]。

蒸腾速率作为树木的一个重要水分参数，受到广大学者的普遍关注，并进行了长期的研究，取得了很多研究成果。但植物是自然生态系统的一员，是在许多生态因子综合作用下，长期进化的产物。同时植物的蒸腾强度受到其遗传性、气孔构造、生理特性及环境因子的综合影响，使得蒸腾速率测定更加复杂化。此外，蒸腾速率虽然是一个重要的植物散失水分的指标，但它不能准确地反映植株整体（整株或群落）的水分消耗量，因此它不能作为评价植物耗水量的指标，只能反映植物潜在耗水能力的大小[229,230]。

4.4　植物适应机理

由于干旱是限制我国干旱、半干旱地区植物生长的关键因子，因此植物的抗旱机制和对干旱环境的适应机理，成为防风治沙植被恢复工作的研究重点。

（1）形态适应。植物适应干旱环境的机制之一是旱性结构——形态结构对干旱生境的适应[230]。植物的抗旱性结构多种多样，不同植物之间存在差异，同一植物也因生境不同而有所不同。抗旱性结构特征主要有：根、冠比高；栅栏组织发达，海绵组织退化，具有透明的贮水组织细胞；特殊叶片表皮结构等几方面。根、冠比高说明植物根系发达，有利于植物在干旱条件下从土壤中吸收尽可能多的水分，以供本身和植物地上部分的需要[231,232]，这是保证植物体内水分收支平衡的主要条件之一，例如沙地柏、油蒿、沙柳、柠条、杨柴都随着干旱化程度加剧，生物量、株高、总枝数和长度、总叶片数、总叶面积、比叶面积和细根长逐渐减小，而生物量根冠比、硬叶特征和叶肉质化程度逐渐增大[233-236]。抗旱植物的叶片具有高度发达的栅栏组织，栅栏组织中间，排列着多层透明细胞，其中含有大的液泡，具有良好的贮水作用，以备干旱时急需，这是典型的抗旱性结构；抗旱植物表皮组织有发达的角质层和蜡被，加厚的角质层和蜡被具有抑制蒸腾失水，保持体内水分的作用，除此之外还有机械支撑作用，使植物在水分供应不足时，不会立即萎蔫[237-238]。

（2）生理适应。叶水势和蒸腾速率是反映植物水分生理状况的两个重要指标[239]。抗旱植物的生理适应首先表现为低水势、低蒸腾，低水势有利于植物从土壤吸水，具有忍耐脱水的能力[240,241]；减少蒸腾耗水，用来维持体内水分平衡[242]，两者存在较好的负相关关系，即随着叶水势的降低蒸腾速率增大[243]。其次表现为水势、蒸腾速率、净光合速率日变化规律[244,245]。植物到中午高温时水势均降低到最低点，气孔关闭，蒸腾速率降低，出现光合“午休”；与水分情况较好时相比，干旱条件下蒸腾进程曲线到达波谷的时间大大提前，蒸腾速率降低，净光合速率进程曲线由双峰变为单峰，水分利用效率提高，这是植物抵抗干旱、高温胁迫的一种生理反应[246,247]。再次，气孔调节是植物适应干旱逆境的重要方式之一[248]，也是评价植物抗旱性的重要指标[249]。植物对干旱胁迫的最初反应是通过调整气孔开度，以防止植物体内水分的散失并维持一定的光合作用[250-252]。植物对干旱适应性更深层次的研究表现在植物体内物质代谢、信号传递、保护酶系统等方面[253-255]。干旱胁迫条件下，植物相对电导率升高，光合作用反应中心色素分子——叶绿素含量降低，直接导致光合产量的下降，脯氨酸积累[256]，PSII 光化学效率和最大荧光与初始荧光比显著降低[257,258]，都是严重干旱胁迫下的生理生态适应特征。

总体而言，防风植被恢复与重建研究，无论是在技术模式上还是在理论体系上，都处于摸索阶段，大部分研究集中在不同配置模式下植被生长适应变化方面。根据植被自身生长和生理生态反映提出配置设计的理论依据，并以此提出恢复模式是一个全新的问题，研究过程中，既要综合考虑区域内各种自然因素，兼顾经济效益、生态效益的统一，又要借鉴植物生理生态学方法，结合风沙治理技术，才能建立城镇防风植被恢复与重建的综合优化模式。

第三章　研究区概况

1　自然地理概况

1.1　地理位置

试验区位于内蒙古自治区最南端的乌审旗，乌审旗地处黄河上中游、毛乌素沙地腹部、鄂尔多斯市西南部。地理位置为N37°38′54″—39°23′50″，E108°17′36″—109°40′22″，是内蒙古自治区重要的畜牧业生产基地。

东北部、北部与伊金霍洛旗、杭锦旗接壤，西北部、西部与鄂托克旗交界，西南部与鄂托克前旗毗连，南部与陕西省靖边县、横山县为邻，东部与陕西省榆林市相依，东北部分地段与陕西省神木县相靠。全境东西宽约104km，南北长约194km，总面积11645.28km^2，辖14个乡（镇、苏木），是鄂尔多斯高原组成部分。

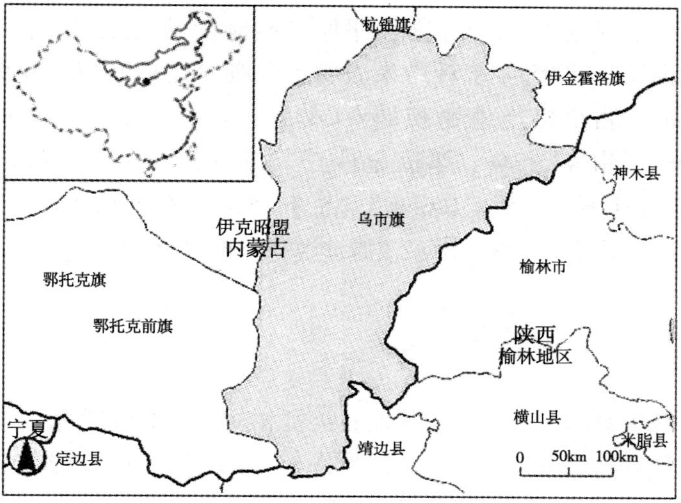

图 3.1　乌审旗位置图

Fig. 3.1　The location map of Uxin Qi

1.2　地形、地貌特征

乌审旗位于鄂尔多斯构造剥蚀高原向陕北黄土高原过渡的洼地——乌审洼地，是一古老的沉积构造盆地。平均海拔 1.3km 左右，最高海拔 1.43km，最低海拔 1.18km。地势由西北向东南逐渐倾斜，波状起伏，有四条由高原西北部延展而来通过洼地的梁地，高处为剥蚀残丘，低处积水形成内陆湖淖。中部、南部梁滩相间，南端有少量黄土梁峁，大部分为风积地形，各类沙丘覆盖在各类地形之上，沙丘、滩地，彼此镶嵌，俗称："梁滩相间、沙甸结合"，表现出毛乌素沙地特有的自然地貌景观。该旗地貌类型以其成因分为：风蚀地形，约占总土地面积的 80.6%，剥蚀堆积地形占 13.8%。以形态可分为 7 类：流动沙丘、半固定沙丘、固定沙丘、冲积湖积平原（滩地）、黄土梁地、河谷地和湖淖[75]。2005 年统计结果表明：全旗沙地总面积为 6.99 × 107hm^2，占全旗土地面积的 60.49%，其中固定沙丘 3.08 × 107hm^2，占 44.13%；半固定沙丘 5.73 × 106hm^2，占 4.96%；半流动沙丘 5.55 × 106hm^2，占 7.95%；流动沙丘 2.78 × 107hm^2，占 39.73%，可见该旗沙漠化问题严重[259,260]。

1.3 土壤类型

乌审旗的土壤类型与其地貌类型相对应，对应梁地、滩地、沙地地貌的土壤类型分别为：栗钙土、草甸土、盐碱土或沼泽潜育土以及各类风沙土[260]。土壤类型以沙土为主，总面积为 90.37 万 hm，占全旗面积的 78.37%，风沙土肥力低，有机质不足，结构松散、粘粒含量少，抗蚀能力差，植被覆盖度低，极易在人为干扰下活化，丧失其资源价值并危害生态[261]。

1.4 水文条件

乌审旗全旗平均径流量为 37712.35 万 m^3；地表水径流量 33026.80 万 m^3；基流量 4685.55 万 m^3。常年性河流有无定河、纳林河、海流图河 3 条。季节性河流有白河 1 条。地表水以陶日木音苏莫，巴彦敖包、陶图梁、图克、黄陶勒盖至阿拉不日为线，以西为外流区，流域面积 8155km^2；以东为内内流区，多注入湖淖或流沙中，流域面积为 3490.28km^2。全旗有大小湖泊 56 个，主要分布在北部、东部，面积大小不一，除沙丘洼地由集中降雨所聚成的淖以外，多为盐碱湖。境内地下水较丰富，水位高、易开采，可开采量 37355 万 m^3[260]。

1.5　气候条件概况

乌审旗位于温带南部季风区的边缘，属温带极端大陆性气候，受极地大陆冷气团控制时间较长，受海洋热带暖气团影响时间较短。该地区四季分明，光热资源丰富，干旱少雨，风大沙多，蒸发强烈，无霜期偏短。由于地处半干旱的温暖型草原带的沙质丘滩地区，气候干燥[259,260]。

（1）气温

在1959—2008年的50年中，乌审旗多年年平均气温为7.3℃，各年年度平均气温在6℃—9℃之间上下波动（如图3.2)，50年来有逐渐升高的趋势；1月平均气温为-9.7℃，7月平均气温为22.2℃，极端最高气温为38℃，极端最低气温为-30.1℃，气温年较差为68.1℃。1年内月平均气温的变化呈正弦曲线变化，1月最低，7月最高（图3.3)。

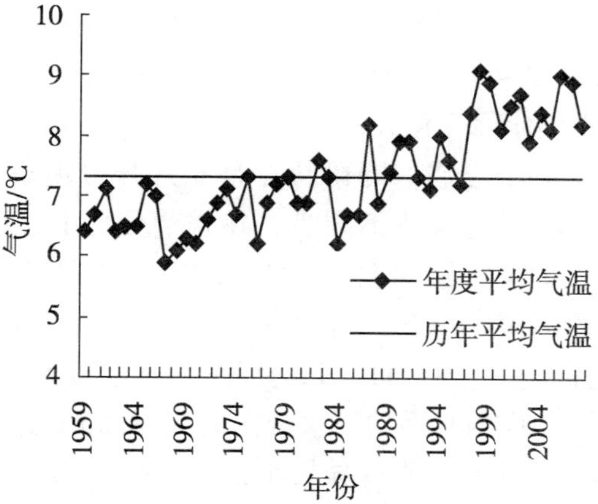

图3.2　1959—2008年平均气温演变

Fig. 3.2　The annual average temperature from 1959 to 2008

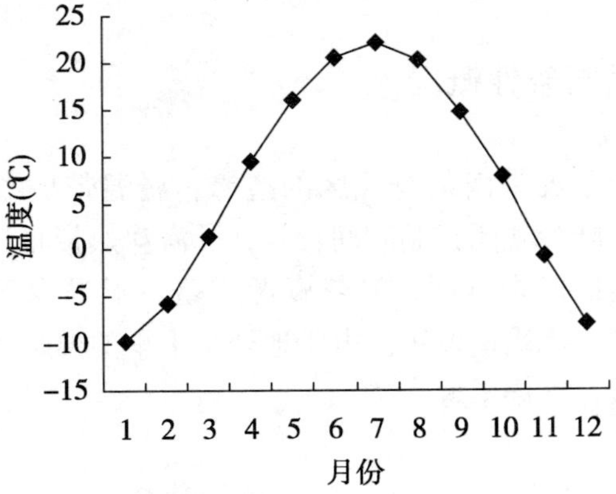

图 3.3 1959—2008 月平均气温变化情况

Fig. 3.3 The monthly average temperature 1959 from 1959 to 2008

（2）降水

乌审旗年平均降水量 345.1mm（1959—2008 年），其中 12 月份平均降水量最少，为 1.5mm，8 月平均降水量最多，为 95.9mm。乌审旗降水量年际变化大，最多的年份（1964 年）达 633.6mm，最少的年份（1999 年）为 164.3mm，年较差 469.3mm。

降水量不仅年际变化大，年内变化也很大。从历年月平均水平来看（图 3.4），全旗的降雨特点是 6 月开始逐渐增加，7—9 月高度集中，10 月起又逐渐减少；在季节分配上，降水多集中在夏季（6—8 月），占年降水量的 62.2%；冬季（12 月—翌年 2 月）降水量仅占 1.9%；生长季节（5—10 月）降水量占 89.1%。并且 1、2、3、11、12 月平均降水变异系数大于 1（1.2—1.6），相应的月平均降水量在 1.5—8.8mm 之间变化，均小于 9.0mm。4—8 月降水变异较小，在 0.6—1.0 之间变化，月平均降水量均大于 16.0mm，最高值达 95.8mm（表 3.1）。

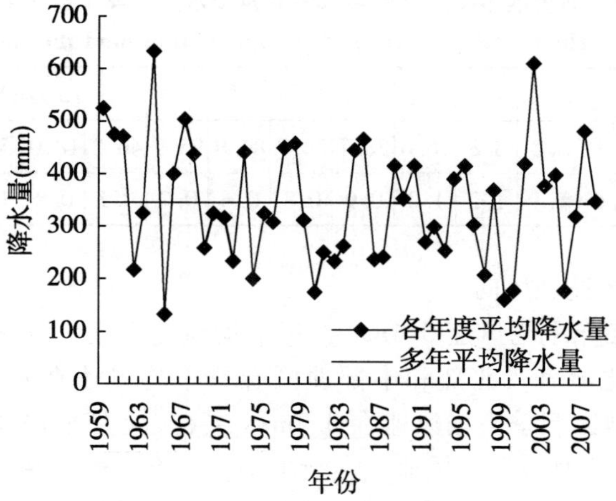

图 3.4　1959—2008 年降水量

Fig. 3.4　The precipitation from 1959 to 2008

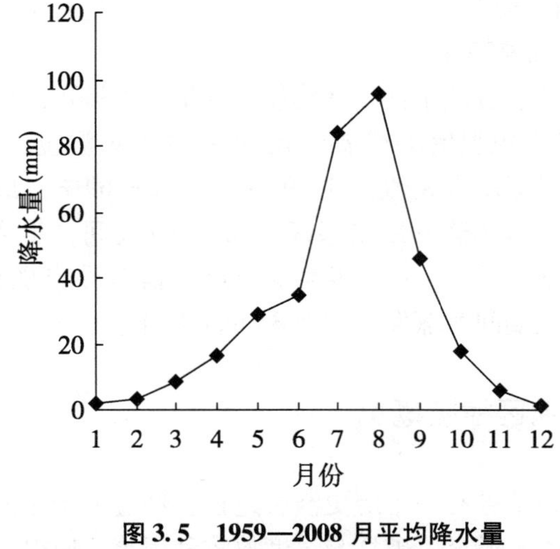

图 3.5　1959—2008 月平均降水量

Fig. 3.5　The monthly average precipitation from from 1959 to 2008

表 3.1 研究区多年月平均降水量 P 及降水量变异系数 R 特征
Table3.1 The monthly average of precipitation around the study site

	1 月	2 月	3 月	4 月	5 月	6 月	7 月	8 月	9 月	10 月	11 月	12 月
P/mm	1.8	3.3	8.8	16.6	28.7	34.9	84.0	95.9	46.2	18.0	5.7	1.5
R	1.6	1.1	1.2	1.0	0.9	0.8	0.6	0.7	0.7	0.8	1.2	1.2

（3）风速、风向

乌审旗年平均风速 3.4m/s，年平均风速由南向北减小。风速季节变化显著，北部和中部地区春季平均风速在 4.0m/s 左右，南部地区春季平均风速在 3.3m/s 左右。4 月平均风速为全年最大值；5 月以后，风速值逐渐减小；秋季为最小季节。大风日数以春季为最多，冬季次之，夏秋季最少；年内 7、8 级大风天数平均 24d，最多可达 54d[261]。年内风向变化主要受季节影响，冬春季受蒙古气旋高压控制，多吹西北风。夏、秋季受夏风影响，多吹偏南风[260]。

（4）其他气象特征

乌审旗太阳能资源丰富，平均年日照时数 2860h，积温年平均值为 2621℃，积温有效性高。历年平均相对湿度在 53%—56%之间，相对湿度最大值在 8—9 月为 68%—69%，最小值在 5 月为 41%。全旗年蒸发量在 2200—2600mm 之间，年蒸发量相当于降水量的 5—7 倍；年内蒸发量的最大值多数出现在 6 月，其次是 5 月，此期间月蒸发量均在 350mm 以上。

1.6 研究区植被概况

研究区沙地植被有一个历史演替过程：经过上千年的人类活动，如采伐灌木、滥垦、破坏与过度放牧利用等，使得该区沙地的自然植被从原来的禾草草原、禾草—小灌木荒漠草原以及湿润处有小片旱中生灌丛，如沙地柏等，逐渐退化为固定和半固定沙丘的旱生、中旱生半灌木和灌木群落，此时的风沙土普遍发育，后进一步破坏或流沙涌起逐渐变成光裸的流动沙丘，先锋植物为籽蒿、沙鞭、沙蓬等。因此该区地带性植被退化，隐域性植被发达，典型地带性植被，如针茅、兴安胡枝子、冷蒿等只零星出现在个别梁顶梁坡上。植被虽属于温带草原区域范畴，但已具有明显的荒漠化特征，是草原向荒漠过渡的类型。

当前，研究区沙地的自然植被分布极少，植被主要以次生或人工林为主，共有植被种类408种，分属69科241属[260]。主要科属有菊科（Compositae）、禾本科（Gramineae）、豆科（Leguminosae）、蔷薇科（Rosaceae）、藜科（Chenopodiaceae）植物，分属蒿属（Neopallasia）、黄芪属（Astragalus）、葱属（Allium）、柳属（liushu）、杨属（Populus）。主要植被类型有沙生植被，包括沙竹群系（Psammochloa villosa）、杨柴群系（Hedysarum mongolicum）、籽蒿群系（Artemisia sphaerocephala）；草甸，包括寸草群系（Carex stenophylla）、芨芨草群系（Achnatherum splendens）、马蔺群系（Iris lactea）；盐生植被，包括碱蓬群系（Suaeda corniculata）、盐爪爪群系（Kalidium foliatum）、白刺群系（Nitraria tangutorum）。由于长期人为干扰破坏，使植物种类成分、群落类型衰退，现状植被以沙柳、乌柳、柠条、油蒿、籽蒿、杨柴、沙竹为主要植物种。

主要植物种介绍：

油蒿（Artemisia ordosica）是菊科蒿属半灌木，高可达0.6—1.0m，多年生枝灰黑色、缝裂，当年生枝灰黄色。叶黄绿色，稍肉质、无毛，长3—7mm，宽2—4mm，基部有扩大的长柄，羽状全裂，裂片2—3对。花为头状花序，且多数，在茎及枝上排列成复总状花序，有短梗及条形苞叶。油蒿，半灌木是中国鄂尔多斯—阿拉善特有种，分布范围包括阴山南部的黄土丘陵、鄂尔多斯高原、阿拉善和内蒙古、宁夏、陕西，其中以鄂尔多斯高原为分布中心[262]。油蒿是毛乌素沙地中分布最广泛的沙生植物群落的优势种，普遍见半固定与固定的沙丘沙地，被认为是沙地天然植物群落，是当地主要的天然放牧场，并具有较好的固沙功能，油蒿分较布广，在沙漠治理方面作用较大[263]。

籽蒿（Artemisia sphaerocephala）菊科蒿属半灌木，高可达1m，冠幅30—100cm，主茎明显，分枝多而细，老校外皮灰白色，常条状剥落，当年生枝灰白色、淡黄色或黄褐色，叶一或二回羽状全裂，裂片条形或丝状条形，长0.5—40mm，宽0.5—2mm，中部以上2—3裂或不裂，嫩叶被短柔毛，后脱落，灰绿色。头状花序多数，球形，下垂，在枝端排列成开展的圆锥花序，总苞直径3—4mm，小花黄色，管状，瘦果卵形，长1.5—2mm，主要分布于内蒙古、陕西、宁夏、甘肃等省，为典型的沙生半灌木，广布于半荒漠及荒漠区的流动与半流动沙丘上，是流动沙丘上的先锋植物，具有耐沙埋、抗风蚀、耐贫瘠、较抗旱、易于繁殖等特性[264]。

沙柳（Salix psammophyila）是杨柳科柳属多年生落叶丛生中生性灌木，高可达2—4m，单叶，条形，无毛，长4—5cm，边缘有锯齿，侧脉20对。花先开放，后放叶，柔黄花序无柄，花基部有长圆形的全缘小叶。具有耐寒、耐旱、耐高温、耐沙埋、耐风袭、易种植、萌发力强、生长快等特性。主要分布内蒙古、新疆、西藏、陕西等地。具有良好的防风固沙、牧场防护、农田防护和水土保持作用，是三北防护林工程在沙漠地区的主要速生灌木。是毛乌素沙地优势灌木。沙柳的叶片在生长期任何时候都是羊喜欢采食的对象，沙柳不仅有良好的防风固沙性能，又可用作编织、建筑与薪柴，应在适宜地段给予恢复重建，作为防护林的重要组成部分[262]。

杨柴（Hedysarum mongolicum）是豆科岩黄芪属落叶半灌木，

也称踏郎或塔郎，高可达1.5—2.0m，树皮红褐色呈纤维状剥落，嫩枝黄绿色带褐色。叶为奇数羽状复叶，有小叶9—17枚，条形或条状矩圆形。植株上部枝叶腋着生两个花芽，或一个花芽一个混合芽，总状花序。主要分布于前苏联、蒙古人民共和国和中国荒漠草原、草原地带，具体分布于内蒙古、陕西、宁夏、甘肃等省区。杨柴生长速度，萌蘖能力强，多群从生存，地面覆盖度大，沙埋后能很快发出不定根，耐风蚀、耐干旱，具防风固沙作用，在毛乌素南部的半固定沙丘与波状起伏的固定沙地上成片分布，杨柴利用价值高，是优良饲牧植物，也是毛乌素沙地优势植物[262]。

小叶锦鸡（Caragana intermedia）是豆科锦鸡儿属落叶灌木。高可达0.7—3.0m，枝条因长期生长在恶劣的生态环境综合下，枝上的托叶硬化成针刺，枝条萌蘖力和再生能力极强。叶为羽状复叶，小叶3—8对，小叶椭圆形或倒卵状椭圆形，长3—5mm，宽2—7mm，先端圆而钝，很少截形，有短尖刺，基部宽楔形，两面密被绢状柔毛，花单生花梗长8—16mm，密被短柔毛，常在中部以上具关节，很少在中部或中部以下，萼筒管状钟形，密被短柔毛，主要分布于我国宁夏、内蒙古、山西和陕西。具有良好的固沙性，耐沙埋、抗风蚀，能在沙地上形成稳定的群落小叶锦鸡是毛乌素地防护林的主要灌木树种，也是本区草—林—农复合系统中灌木带的优势成分[262]。

2　社会经济概况

2.1　人口

乌审旗属于牧业旗，在人口构成上以蒙古族和汉族为主体。

据2006年社会经济资料统计，总人口1.01×10^5人，其中蒙古族3×10^4人。全旗农业人口7.56×10^4，占总人口的75%[264]。乌审旗1949年有人口2.87×10^4人，1978年为7.6×10^4人，1988年为8.72×10^4人，1998年为9.25×10^4人。近50年人口增长近2.2倍，人口密度由2.86人·km^{-2}增至7.90人·km^{-2}（表3.2）。

表3.2 乌审旗不同时期人口密度（人·km^{-2}）

Table 3.2 Population density of different period in Uxin Qi

时期	1949—1957	1958—1967	1968—1977	1978—1987	1988—1994	1995—1998
人口密度	2.86	4.14	5.76	6.97	7.72	7.90

2.2 经济

全旗国民生产总值4.23×10^9元，其产业构成为：第一产业4.97×10^9元，占总产值的11.74%；第二产业3.05×10^9元，占总产值的71.96%；第三产业6.90×10^8元，占总产值的16.30%[264]。

2.3 土地

全旗耕地面积$3.80\times10^4hm^2$，占总土地面积的3.3%；林地面积$1.42\times10^5hm^2$，占总土地面积的12.2%；草牧场面积$5.32\times10^5hm^2$，占总土地面积45.6%；水域面积$9.05\times10^3hm^2$，占总土地面积的0.8%；荒地面积44.41hm^2，占总土地面积的38.1%[264]。

据统计局资料，乌审旗耕地面积由1978年的$1.03\times10^4hm^2$扩展到1998年的$2.39\times10^4hm^2$，20年间耕地面积扩大1.3倍。

但据1997年的TM卫片判读，耕地面积达$4.93\times10^4hm^2$，是当年统计面积的2.08倍[265]。

2.4　牲畜

乌审旗2006年的牲畜总头数为1.30×10^6头（只），其中大畜8.90×10^4头，小畜1.05×10^6头（只）[264]。据统计，1998年时达到1.06×10^6头（只）。若按《内蒙古鄂尔多斯高原自然资源与环境分析》一书的调查统计，乌审旗1986年各类草场的合理载畜量为4.71×10^5个绵羊单位，当年实际载畜量达到7.09×10^5个绵羊单位，超载近50%。截止1998年6月末，乌审旗有大牲畜4.23×10^4头，羊8.64×10^5只，折合1.08×10^6个绵羊单位。若按1986年的草场面积和单位面积产草量计算，则全旗牲畜超载近1.3倍[265]。

2.5　矿产资源

乌审旗矿产资源丰富，主要有天然气、天然碱、煤炭、方沸石等。该旗拥有中国最大的世界级整装气田苏里格气田，该气田天然气探明储量达$8.679\times10^{11}m^3$。全旗煤炭探明储量面积$2.2\times10^5hm^2$，预计储量在$3.0\times10^{10}t$左右；稀有非金属矿方沸石分布面积$1.2\times10^5hm^2$，储量可达2.0×10^8t。在资源开发利用方面，目前主要有天然碱化工、天然气发电、天然气化工建筑材料生产和皮毛加工等[264]。

2.6　森林资源

乌审旗历史上曾是森林草原区[264]，但经历自然灾害、战争破坏、毁林垦殖、过度樵采，使森林资源破坏殆尽。到1951年全旗天然灌木林面积约 $3.00\times10^4hm^2$。1975年以后乌审旗有林地面积和森林覆盖率开始回升[265]（图3.6）。

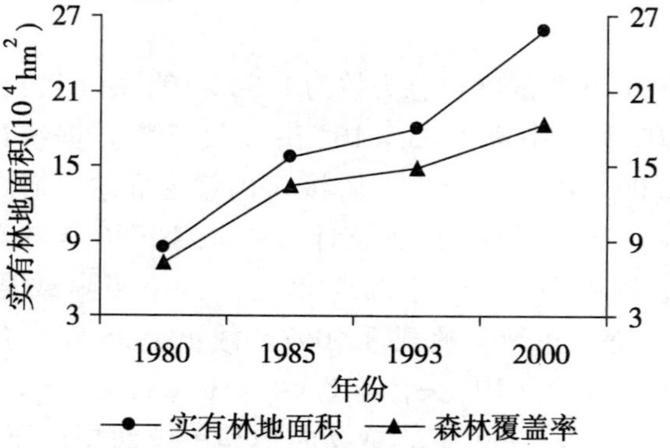

图3.6 乌审旗实有林地面积及森林覆盖率变化图

Figure 3.6 Change of forest land area and forest coverage in Uxin Qi

3 土地沙漠化与风沙灾害现状

3.1 土地沙漠化现状及变化

根据内蒙古自治区林业勘察设计院2005年底对乌审旗各苏木镇的普查结果：荒漠化土地总面积 $1.13\times10^6hm^2$，其中轻度荒漠化土地面积 $3.40\times10^5hm^2$，占总土地面积的29.44%；中度荒漠化土地面积 $6.0\times10^5hm^2$，占总土地面积的51.96%；重度荒漠化土地面积 $1.93\times10^5hm^2$，占总土地面积16.67%；极重度荒漠化土地面积 1.13 × $10^3 hm^2$，占总土地面积 0.01%。全旗未利用地面积 1.84 × $10^5 hm^2$，全部为荒漠化未利用地，其中重度荒漠化未利用地面积 18.42hm^2，占总未利用地面积的 99.94%；极重度荒漠化未利用地面积 1.13 × $10^2 hm^2$，占总未利用地面积的 0.06%[120]。

从 1986—2005 年沙漠化土地面积变化来看（表 3.3），乌审旗土地沙漠化在两个方面都明显趋于好转。一是沙漠化土地面积逐渐缩减，由 1986 年占全旗总土地面积的 79.15% 下降为 2005 年的 54.25%。二是固定、半固定、半流动沙地在沙漠化土地中所占比例明显增大，流动沙地所占比例相应减少，固定沙地由 1986 年的 41.23% 增加为 2005 年的 42.78%，半固定沙地由 1986 年的 5.58% 增加为 2005 年的 6.94%，半流动沙地由 1986 年的 5.11% 增加为 2005 年的 7.74%，流动沙地由 1986 年的 48.07% 减少为 2005 年的 42.54%[264]。

3.2 风沙灾害现状

乌审旗土地沙漠化主要有三个方面的危害：一是危害农业生产，使农田表土、肥料、种子被风吹蚀。二是草场退化，导致草场承载力和产草量普遍下降，使群落组成改变，草场质量下降，覆盖度降低。如 1984 年调查显示：各类毒草在乌审旗的分布面积达 1.42 × $10^5 hm^2$[121]。三是污染环境，形成风沙天气，如沙尘暴、扬沙、浮尘。根据乌审旗社会经济统计资料和实地调查，沙漠化对当地人民生产和生活造成的危害主要表现在以下几个方面。

表 3.3 乌审旗沙漠化土地面积变化（106hm²）

Table 3.3 Change of desertification land area in Uxin Qi

年份	总计		流动沙地		半流动沙地		半固定沙地		固定沙地	
	面积	占全旗面积	面积	占沙地面积	面积	占沙地面积	面积	占沙地面积	面积	占沙地面积
1986	72. 66	79. 15%	34. 93	48. 07%	37. 16	5. 11%	4. 06	5. 58%	29. 96	41. 23%
1991	61. 37	55. 55%	28. 94	47. 15%	62. 52	10. 19%	3. 85	6. 27%	22. 33	36. 39%
1996	68. 64	59. 23%	28. 79	41. 95%	15. 49	22. 57%	14. 25	20. 76%	10. 10	14. 72%
2000	60. 79	54. 43%	30. 02	49. 38%	5. 43	8. 93%	4. 69	7. 71%	20. 66	33. 98%
2005	62. 85	54. 25%	26. 74	42. 54%	4. 86	7. 74%	4. 36	6. 94%	26. 89	42. 78%

（1）土地生产力下降。因土壤风蚀沙化，旱作农地每年表土层风蚀厚度为5—7cm，每公顷损失有机质7.77×10^3kg、物理粘粒3.90×10^4kg、氮素3.90×10^2kg、磷肥5.49×10^2kg。同时使各类草场植被变得稀疏低矮、草质变劣，生产力明显下降（表3.4）[265]。

表 3.4 沙化对草场生产力的影响（乌审召）

Table 3.4 Influence of desertification on grassland productivity

草场情况	总盖度（%）	高度（cm）	风干物重	优质牧草重量
封育	55	23—46	$213g\cdot m^{-2}$	90. 8%
沙化	25	5—36	$90g\cdot m^{-2}$	60. 0%

（2）可利用土地面积逐年缩小。根据乌审旗土地普查资料，流沙吞没了大片耕地和牧场，新中国成立初期全旗有可利用牧场$7.33\times10^5hm^2$，到1976年减至$7.26\times10^5hm^2$，而到1981年可利用牧场只有$6.06\times10^5hm^2$，每年以$2.40\times10^4hm^2$的速度递减[265]。

（3）制约农牧业生产发展，降低农牧民经济收入。土地沙漠化对农业的影响，一是毁种，二是低产。风沙流是一种贴近地面运动的挟沙气流，大部分沙粒特别是较粗沙粒都集中在离地表20cm 高度内，对春季稚嫩的禾苗具有强烈打击作用，经常导致禾苗植物组织严重受伤而减产甚至枯死。另外由于风沙埋压种苗，吹蚀种子，每年需补种 3—4 次[122]，并造成产量低，而且不稳定。由于草场沙化，植物生态系统不断退化，原有的由旱生植物构成的草原草场很少存在，多年生草本退化，一年生草本和沙生植物占据优势，梁地草场风蚀，滩地草场沙压，草场生产力降低，牧业经济收入也因此下降[115]。

（4）危害当地人民正常生活和生产活动。流沙埋压房屋、水井、畜棚、道路、水库，严重危害人民生活、生产的正常进行，每年清理沙压公路、水井、房院、畜棚，耗用大量人力、物力和资金，制约了人民群众生活水平的提高[265]。

（5）污染环境。由沙漠化引起的环境污染十分严重，大风吹扬起沙漠化土地表层的细粒颗粒物中，不仅含有沙尘颗粒，还含有土壤有机质和其他多种化学类物质，造成大气环境污染，严重危害人民身体健康。每年冬春季风沙天气频繁（表 3. 5）。沙暴频现、沙尘遮天蔽日，大量牧场被污染，牲畜易发生疾病；此外风沙活动强度大，会造成能见度大幅降低，严重威胁交通安全[265]。

表 3. 5 乌审旗春冬两季多年平均风沙天气日数（d）

Table 3. 5 Mean annual wind drift sand days in spring and summer of Uxin Qi（d）

风沙天气	扬沙	沙尘暴	浮尘	大风
冬季	8. 05	1. 78	3. 55	3. 43
春季	18. 24	7. 05	10. 05	10. 88

3.3　土地沙漠化与风沙灾害成因

沙漠化是在具有一定沙物质基础和干旱大风的气候条件下，由于过度人为活动与资源利用不合理所产生的一种以风沙活动为主要标志的环境退化过程[56]。乌审旗土地沙漠化既有自然因素也有人为的原因，自然因素是促进沙漠化发生发展的，而人为因素既有促进沙漠化发展，也有逆转沙漠化过程的作用。

(1) 自然因素

乌审旗土地沙漠化的自然因素包括三部分，分别是地表物质松散、气候干旱和多大风。具体而言，地表沙源丰富是土地沙漠化和风沙灾害形成的物质基础。全旗境内土壤以风沙土为主，成土母质主要是风积、洪积、冲积和黄土母质，土壤含沙量丰富，质地松散，内聚力差，具有较强的易碎性和不稳定性，易于风蚀起沙（图 3.7）[121]，这为土地沙漠化提供了丰富的物质基础。

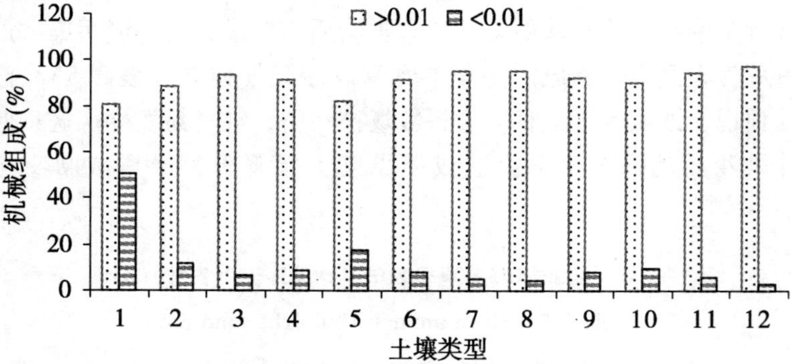

1—黄绵土　2—侵蚀黄沙土　3—沙化栗钙土　4—变质栗钙土　5—侵蚀淡黄沙土　6—洪淤土　7—丘间洼地灰淤土　8—沙化灰淤土　9—脱潜灰淤土　10—固定沙丘风沙土　11—半固定沙丘风沙土　12—流动沙丘风沙土

图 3.7　乌审旗主要土壤类型表土层颗粒组成（mm）

Figure 3.7　Surface grain constitutes of main types of soil in Uxin Qi（mm）

气候干旱是土地沙漠化的根本原因。冬半年漫长而干旱，夏季短促而温热，夏季雨水集中是乌审旗气候的基本特点。据乌审旗气象局 1959—2005 统计资料，7、8、9 三个月降水量占全年降水的 70%—80%，冬季降水稀少甚至个别年份为 0。20 世纪 50 年代以来，乌审旗地区降水趋于减少，气温逐渐升高(图 3.2)，气候有暖干化趋势。

大风是土地沙漠化的动力条件。根据乌审旗气象局 1959—2005 年的统计资料，年均 8 级以上大风日数在 18d 以上，其中春季（3、4、5 月）大风日数占全年大风日数的 50% 以上。而且，频繁出现的大于起沙风（$>5m \cdot s^{-1}$）的日数与干旱季节同步（图 3.8），这为土地沙漠化提供了动力条件[275]。

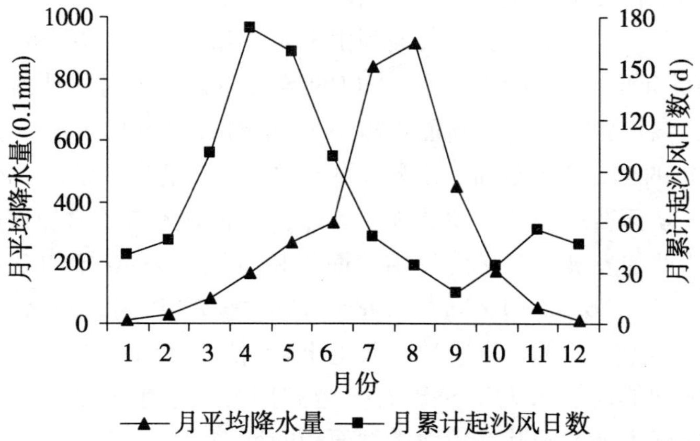

图 3.8 1959—2005 年乌审旗月平均降水量和月累计起沙风日数

Figure 3.8 Sum of the wind days per month and precipitation per month in Uxin Qi from 1959 to 2005

（2）人为因素

人为因素对沙漠化的影响既可以是正向的促进，也可以是逆向的减缓。从乌审旗的自然因素变化来看，是促进沙漠化发展的，但是近20年来乌审旗土地沙漠化发生了逆转（表3.3），可见人为因素总体上是使土地沙漠化逆转的主要影响因素。

人口压力。1986年至2005年20年间，乌审旗人口持续上升，总人口由1986年的8.48×10^4人增加到2005年的9.72×10^4人，年平均增长率为3.5%，其中非农业人口增加迅速，由1986年的8.57×10^3人增加到2005年的2.39×10^4，年平均增长率为29.49%（表3.6）。人口的持续增加伴随着快速增长的粮食、燃料、畜产品以及居住建设用地的需求，对资源、环境压力越来越大，是促进土地沙漠化和风沙灾害发生的重要因素[265]。

土地利用方式和结构。1986年至2005年20年间土地利用方式和结构发生了重大变化（表3.7）：由于人口的持续增加，耕地一直呈增加的趋势，其面积由1986年的$1.37\times10^4hm^2$增加到2005年的$1.98\times10^4hm^2$。人口的增加势必导致居住地面积的增加，乌审旗居民点用地面积由1986年的$2.17\times10^2hm^2$增加到2005年的$11.20\times10^2hm^2$。人口快速增长对水资源的需求量随之加大，从而造成水域面积减少。另外，非农业人口的增加促进了工矿产业的发展，工矿建设用地面积相应地由1986年的0增加到2005年的$6.82\times10^3hm^2$。1986—2005年20年间，除水域外，耕地、林地、草地、居民地、其他未利用地以及工矿用地面积都明显地增加（表3.7），反映在土地利用结构上主要是通过沙地面积的减少来实现其他用地类型面积的增加，因此乌审旗土地利用方式和结构的转变促进了该旗土地沙漠化的逆转[265]。

表3.6 乌审旗不同年份人口数（人）

Table 3.6 Population of different years in Uxin Qi

年份	1986	1991	1996	2002	2005
总户数	19565	23205	25426	27489	30811

续表

年份	1986	1991	1996	2002	2005
总人口	84817	90699	91717	93752	97236
非农人口	8567	12116	15199	19652	23888

表 3.7　乌审旗不同年份土地利用方式（hm^2）

Table 3.7　Land - use mode of different years in Uxin Qi（hm^2）

年份\类型	耕地	林地	草地	水域	居民点	沙地	其他未利用地	工矿用地
1986	13656.57	71061.34	69380.78	25419.05	217.21	725359.89	8437.05	0.00
1991	27700.24	89691.87	348644.26	86445.64	871.49	657590.43	26449.27	6814.66
1996	41958.61	7916.50	390390.89	155117.98	525.91	686412.08	7798.99	169.47
2000	31711.18	108713.04	326855.03	131330.68	846.62	607565.69	27949.08	6788.81
2005	19810.48	75990.82	400679.74	60711.12	1120.42	628516.10	20294.45	6821.61

植被生态系统恢复。在乌审旗“三北”防护林工程、退耕还林（草）工程、天然林保护工程、日元贷款植树造林项目、造林大户植树造林等以植被生态系统恢复和重建为主的生态建设项目相继实施，使得大面积的沙质荒地得到治理。1978—2000年的“三北”防护林工程共完成人工造林 $3.02\times10^5hm^2$，飞播造林 $2.69\times10^4hm^2$，封山育林 $7.93\times10^3hm^2$，四旁植树 6.88×10^7 株，活立蓄达 $1.35\times10^6m^3$，林木覆盖率达 18.6%。自 2000 年实施退耕还林（草）工程以来，全旗共完成退耕还林工程建设任务 $4.67\times10^4hm^2$，其中退耕地造林 $6.47\times10^3hm^2$，荒沙还林 $4.03\times10^4hm^2$；完成天然林保护工程公益林建设 $7.67\times10^4hm^2$，其中飞播造林 $7.20\times10^4hm^2$，封沙育林 $4.67\times10^3hm^2$。封沙育林育草、飞播造林等以防沙治沙为主的生态措施的实施，使得沙地植被得以恢复与重建，流沙面积逐年下降（表 3.3），沙漠化发生逆转[265]。

3.4　土地沙漠化与风沙灾害趋势

对乌审旗土地沙漠化趋势进行分析，主要是对形成沙漠化的自然、人为因素的变化趋势进行分析。

（1）自然因素趋势

在影响风沙灾害的自然因素中，气候因素是最活跃、多变的，它是制约植被、土壤、水文等因子的主导因素。根据1959—2005年气象数据，近50年来，虽然全年降水是呈逐年递减趋势，但是我们发现风沙灾害频发的春季降水量变化不大，而且年累计大风日数基本是逐年递减的（图3.9），加上气温持续升高，这有利于该区沙丘的固定，基于这样的趋势发展，就气候因素变化而言，未来气候变化将不会对风沙灾害起到促进作用[265]。

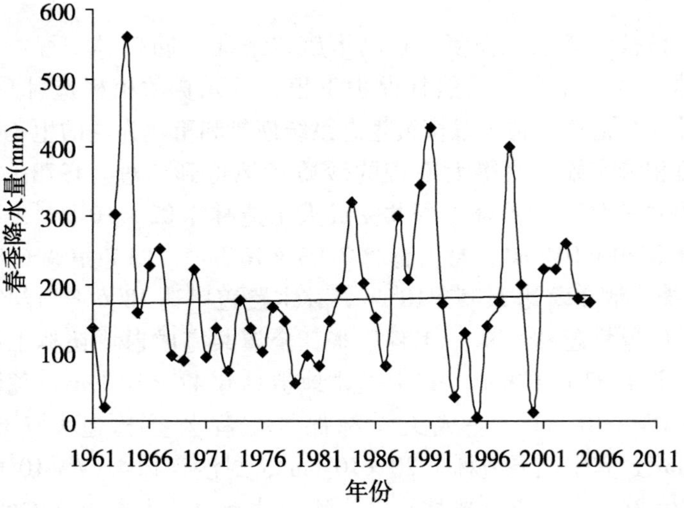

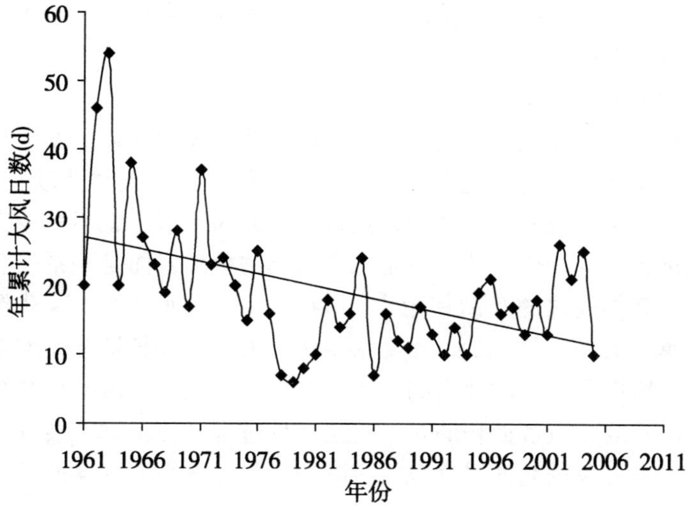

图 3.9　1959—2005 年乌审旗春季降水量及年累计大风日数变化

Figure 3.9　Changes of precipitation in spring and annual sum of strong wind days in Uxin Qi from 1959 to 2005

（2）人为因素趋势

人对区域生态环境的影响既取决于人类经济活动的方式和强度，也与人类积极保护环境、治理和改造退化生态系统有关。促使乌审旗风沙活动加剧的人为因素，主要是砍伐植被、过度放牧、破坏地表、增加沙源等，其内在动因是人口的迅速增加。不过，在国家人口政策不发生改变的情况下，预计乌审旗人口增长率将维持目前的水平。随着第三产业的兴起，产业结构将得到有效调整，对土地压力增加的幅度不会过大。乌审旗居民的环境保护意识不断增强，而且在防沙治沙种树种草实践中，总结出一些科学的经验、措施，如“高杆上沙造林”、“乔灌草结合固沙”、“前挡后拉”、“营养杯上沙造林”、“围而不攻”、围建各类型草库伦等行之有效的治沙造林种草技术。因此，在巩固已有治沙成果的基础上，继续加大治理力度，土地沙漠化和风沙灾害将向减弱的方向发展。

（3）总体趋势

自然因素和人为因素的共同作用导致了风沙活动的发生和发展，人类活动是在当地自然环境中进行的。只要人类活动存在，引起风沙活动发生、发展的自然因素和人为因素，就不可能彼此孤立进行。这种作用性质不是二者简单的叠加，而是一系列互相激发、互相促进的互馈作用[32]。例如，一方面在风沙活动频发的春季，大风日数减少，而降水变化不大，地表植被覆盖度不会减少，所以风对沙质地表的作用不会加强，地表流沙面积会缩小或保持不变。流沙面积的相对稳定，反过来又使植被不会进一步退化，地表风蚀起沙强度也相应减弱。另一方面，气候的稳定保证了农作物的正常生长，地表植被的相对稳定保证了居民薪柴、木料等需求的满足，加上居民环保意识的加强，人类砍伐植被、破坏地表的活动就不会增加，甚至会减少，从而减少风蚀起沙、风沙流运行等灾害性天气的发生。但是人类活动具有多样性和不可预测性，只有积极的人类活动才能有助于乌审旗地区风沙灾害的减少，负面的、破坏性的人类活动会加速沙漠化甚至干预气候、植被等自然要素的良性发展。

综上所述，从自然因素、人为因素及其互相作用的可能变化趋势上看，本区风沙活动在相当长的时间内，不可能自行停止，但是积极的人类干预活动可以使该区的沙漠化发生逆转[265]。

第四章　研究思路与研究方法

1　研究思路

利用防沙治沙工程学、生态学、植物生理生态学等基础知识理论，通过野外调查、定点观测、人工控制条件实验等方法，采集基础数据，利用恢复生态学理论作为支撑，提出半干旱区城镇防沙治沙植被恢复与重建优化模式。主要包括三个主要方面：(1) 防风固沙植物种筛选。根据野外植被调查结果计算植物重要值、确定优势植物种；依据不同地貌部位和人工控制水分条件下植物生长状况及生理生态特征，结合植物经济效益与景观美化筛选适合研究区的治沙植物种。(2) 防风固沙植被密度配置。主要利用水分平衡原理配置植被密度，通过降水量、不同地貌部位土壤含水量、土壤潜在蒸散量、不同地貌部位植被实际耗水量的关系，计算适合不同地貌部位的植被配置密度。(3) 植被恢复与重建优化模式。根据植物种的筛选与密度配置研究，提出适合研究区不同地貌部位防风植被的优化配置模式，包括植被种类、密度、空间格局等优化配置方案，建立嘎鲁图镇周边区防风植被恢复与重建优化模式。

主要解决的关键科学问题有以下两方面：(1) 在深入研究不同地貌部位植被对环境因子适应机制基础上，以植被生理响应机制为基础设计植被恢复与重建的技术原理。（2）建立适合以嘎鲁图镇为代表的城镇周边植被恢复与重建的综合优化模式。

2 研究方法

2.1 观测样地选择

为了选取野外具有代表性的沙丘和植被类型，在全旗境内进行了野外调查。以嘎鲁图镇为中心，沿东北、西北、西、南四条路线在全旗范围内布点 26 个（图 4.1），进行沙丘与植被调查：描述沙丘形状，测量沙丘走向、高度、长度、宽度、迎风坡长、背风坡长、沙丘走向、用 GPS 测量记录沙丘经纬度，共调查沙丘 214 个；同时记录沙丘上沙生植被状况：包括记录植物种类、植被覆盖度、植株高度、植株冠幅、植被密度、植株间距。

参考沙丘植被覆盖度将沙丘划分为固定沙丘（植被盖度大于 30%，风沙活动不明显，地表稳定或者基本稳定的沙丘）、半固定沙丘（植被盖度在 10%—30% 之间，而且分布均匀，风沙流活动受阻，但流沙纹理依然普遍存在的沙丘）和流动沙丘（指植被盖度小于 10% 的沙丘）三种类型[54]，分别计算这三种沙丘类型高度、长度、宽度、迎风坡长和背风坡长的平均值作为三种典型沙丘的指标，在以嘎鲁图镇为中心方圆 10km 以内的沙丘中挑选出符合典型沙丘指标的流动沙丘、半固定沙丘各一个，固定沙丘两个，其中一个是沙柳与油蒿混生的固定沙丘，论文中称固定沙丘（柳蒿混生），另一个是油蒿和籽蒿混生的固定沙丘，论文中称固定沙丘（纯蒿），典型沙丘及观测沙丘指标（表 4.1）。

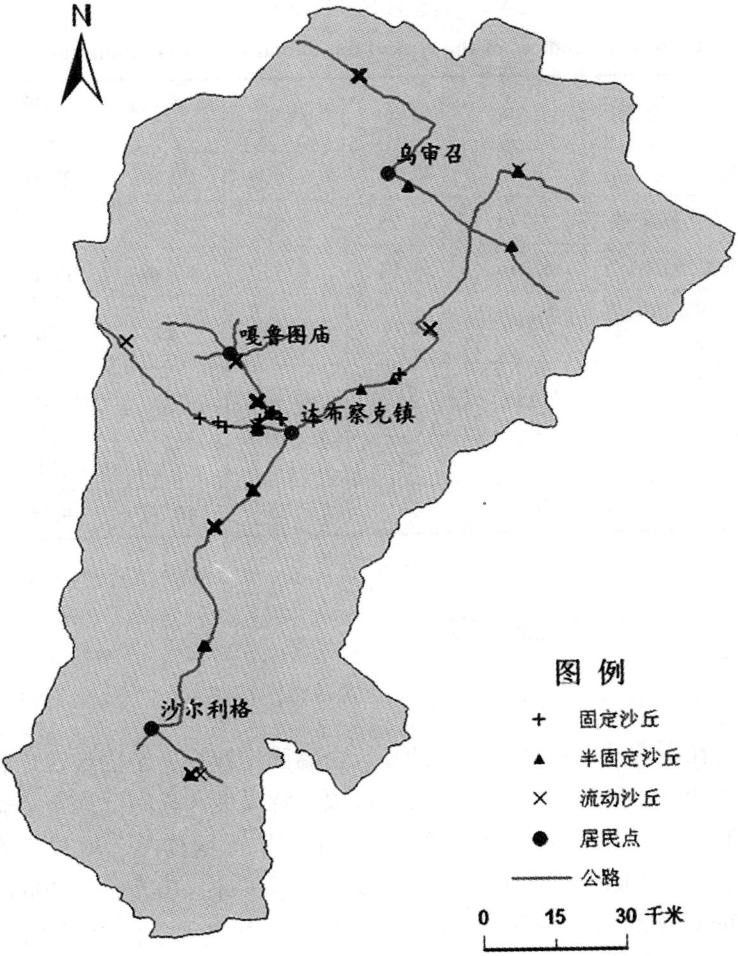

图 4.1　野外调查布点图

Fig. 4.1　The map of different localities for field survey

表 4.1 典型沙丘及观测沙丘指标

Table 4.1 Indices of the typical dunes and the observation dunes

沙丘类型	长/m	宽/m	高/m	迎风坡长/m	背风坡长/m
典型固定沙丘	33.19	47.88	3.62	29.40	22.98
典型半固定沙丘	37.14	53.75	5.52	37.39	21.31
典型流动沙丘	61.40	54.94	6.33	43.42	17.05
固定沙丘（柳蒿混生）	33	46	3.3	29	20
固定沙丘（纯蒿）	23	24	3.6	18	10
半固定沙丘	41	28	5.5	21	12
流动沙丘	56.1	50	6.35	46.57	9.55

2.2 野外观测方法

（1）沙丘土壤水分测定

在所选的柳蒿混生固定沙丘、全蒿固定沙丘、半固定沙丘和流动沙丘 4 种沙丘上分迎风坡、坡顶、背风坡和丘间低地 4 个微地形条件（共 16 种立地类型），用土钻取土壤样品，取样深度分别为 10cm，20cm，40cm，60cm，80cm，100cm，130cm，160cm，200cm，每个深度取 2 盒样品，每种立地条件重复 2 次，每月上旬和下旬各测定 1 次，土壤含水量的测定使用土钻取样烘干（105℃）称重法。

（2）植物生长状况观测

在柳蒿混生固定沙丘、全蒿固定沙丘和半固定沙丘 3 种沙丘上选择迎风坡、坡顶、背风坡和丘间低地 4 种微地形，设置

5m×5m 的固定样方共 12 个，调查植物种类组成及群落数量特征，包括灌木植物的种类、密度、高度、冠幅（十字相乘法量得）在植物生长季，每月上旬和下旬各观测 1 次。

其中重要值计算采用如下公式：

$$IV = RD + RC + RF \tag{4-1}$$

$$RD = D_i \Big/ \sum_{i=1}^{m} D_i \tag{4-2}$$

$$RC = C_i \Big/ \sum_{i=1}^{m} C_i \tag{4-3}$$

$$RF = F_i \Big/ \sum_{i=1}^{m} F_i \tag{4-4}$$

式中：IV—重要值，RD—相对密度，RC—相对盖度，RF—相对频度，D_i—某种植物的个体数目，C_i—某个种的盖度，F_i—某个种的频度。

（3）植被光合作用测定方法

所有植物气体交换特性用 Li—6200 便携式气体分析系统（Li - cor，lincoln，NE，USA）进行测定，净光合速率（Pn）、蒸腾速率（E）、气孔导度（Gs）、光合有效辐射（PAR）、大气温度（Ta）、大气 CO_2 浓度（Ca）和相对湿度（RH）参数均由该系统储存器直接获得。

植物自然条件下光合作用日变化的测定都选在晴朗无风的天气进行，对不同沙丘类型（柳蒿混生固定沙丘、全蒿固定沙丘和半固定沙丘），不同位置（迎风坡、坡顶、背风坡、丘间低地）、不同植物种类测定光合作用日变化，每种植物选择 3 棵同龄植株，每株选择3片初生新叶进行测定，每个样品重复3次，测定时间从7：00—19：00，每2小时测定一次，共7次。

植物自然条件下植物光响应和CO_2响应的测定也选在晴朗无风的天气进行，每种植物选择3棵同龄植株，每株选择3片初生新叶进行测定，每个样品重复3次，测定其测定光合特征（光合速率、蒸腾速率）。光强光强梯度：2000μmol·m^{-2}、1500μmol·m^{-2}、1200μmol·m^{-2}、1000μmol·m^{-2}、800μmol·m^{-2}、600μmol·m^{-2}、400μmol·m^{-2}、300μmol·m^{-2}、200 μmol·m^{-2}、100μmol·m^{-2}、50μmol·m^{-2}；CO_2浓度梯度：1800μmol·mol^{-1}、1500μmol·mol^{-1}、1200μmol·mol^{-1}、1000μmol·mol^{-1}、800μmol·mol^{-1}、600μmol·mol^{-1}、400 μmol·mol^{-1}、300μmol·mol^{-1}、200μmol·mol^{-1}、100μmol·mol^{-1}、50μmol·mol^{-1}。每个植物种重复3次。

2.3 水分控制实验方法

（1）施水量计算

统计分析乌审旗近50年降雨资料，选出150mm（最低年均降雨量）、250mm、350mm（50年年均降雨量）、450mm（最高年均降雨量）降雨量，根据盆栽水分控制时长（6—7月），采用该地区6—7月平均降雨量所占年均降雨量比例，折合为每周4.7mm，7.8mm，11mm，14mm的施水量。

（2）盆栽处理

野外移栽4种优势灌木植物（籽蒿、油蒿、沙柳、小叶锦鸡），每种12株，共48株，分为4组（每组4种植物，每种3株），移栽至直径30mm的塑料桶中，齐桶口埋入沙地。每周施水一次，施水频率、时间一致。施水量分别为：第一组4.7mm，第二组7.8mm，第三组11mm，第四组14mm。实验期间，晴天时，移栽植物暴露在自然环境中，当阴天和雨天时，在木架顶部挂有防水布阻碍自然降水，使得木架下除降水以外的其他自然因子尽量接近自然状况。

（3）观测方法

观测不同施水量下每种植物的生长状况（高度、冠幅、新枝长度）及光合作用日变化特征（光合速率、蒸腾速率），每株选择3片初生新叶进行测定，每个样品重复3次，测定时间从7：00—19：00，每2小时测定一次，共7次。

2.4　沙丘土壤水分平衡计算方法

沙丘的水分平衡可用下式表示：

$$P = E + N + \Delta R + \Delta S \qquad (4-5)$$

式中：P—沙丘水分来源（mm）；E—地表蒸散量（mm）；ΔS—渗漏量（mm）；ΔR—渗蓄量（mm）；N—地表径流量（mm）。

（1）沙丘水分来源（P）

沙丘水分主要有以下三种来源：

大气中水汽的地面凝结物——霜、露等。从乌审旗沙区历年各月空气相对湿度来看，相对湿度40%—50%的月份占4个月，50%—60%的占4个月，60%—68%的占4个月。由于相对湿度较低，而沙丘热量交换和水分交换强烈，大气中水汽在地面凝结物很少，年累积量低，这部分水分对沙生植物如沙蒿的种子萌发和生长有一定的意义，但作为补给量意义不大[270]。

地下水沿毛管上升补给沙丘的水。乌审旗沙区沙丘地的地下水埋深状况：稳定带埋深大于3.6m，交替变化带埋深1.2—3.6m，剧烈变化带在0—1.1m。沙丘水分毛管上升高度随季节而变化，上升幅度一般53.7—74.8cm[266]；加之沙丘水分蒸发由于受干沙层的庇护，蒸发量相对较低，所以深层地下水对沙丘2m层内湿度没有显著影响。

大气降水——雨、雪、冰雹等。大气降水是沙丘水分的主要补给来源，沙粒黏结性小、松散，能很好地吸收雪水和雨水，有大量降水时，水分能渗透很厚的沙层；在大气干旱无降水时，沙层表面很快干燥，变得松散，沙层毛管水断裂，形成使下土壤水和地下水免受强烈蒸发的保护层，下层水分不易散失。所以，大气降水时大部分入渗并存储在沙层内，是沙丘水分的主要补给来源[267]。因此研究区沙丘水分来源 P 近似等于降雨量。

（2）沙丘渗漏量（ΔS）

降雨量和降雨强度与降雨入渗深度有密切关系。在同等水平降雨强度下，降雨入渗深度随降雨量的增加而增大。表 4.2 是采用自然降雨和人工模拟降雨 1 天后对流动沙丘降水入渗所做的定量研究。在降雨量为 69.1mm，降雨强度为 34.57mm/h 时，入渗深度为 1m[268]。研究区 2007 年、2008 年最大日降雨量分别为 61.4mm，47.5mm，降雨强度分别为 29.23mm/h、26.34mm/h，可见降雨入渗深度理应小于 2m。

表 4.2　降雨入渗参数[266]

Table 4.2　Parameters of rainfall's seeping

处理	降雨量/mm	降雨历时/h	降雨强度/（mm/h）	降雨入渗深度/cm	平均入渗速率/（mm/min）
1	5.7	0.75	7.56	15	0.13
2	11.8	0.58	20.29	25	0.34
3	13.4	0.33	40.10	30	0.67
4	20.4	0.57	36.06	40	0.60
5	31.4	0.92	34.29	50	0.57
6	39.3	1.00	39.30	60	0.66

续表

处理	降雨量/mm	降雨历时/h	降雨强度/（mm/h）	降雨入渗深度/cm	平均入渗速率/（mm/min）
7	39.8	1.00	39.77	65	0.66
8	52.3	1.03	50.65	80	0.84
9	62.1	1.33	46.60	95	0.78
10	69.1	2.00	34.57	100	0.58
11	110.1	1.80	61.17	>120	1.02

土壤含水量与入渗。降雨开始时，沙丘上层含水量迅速增大，并开始下渗，当上层沙土达到田间持水量时，土壤水分开始下渗。实验地沙土特性见表4.3，即在实验区，只有当沙丘土壤水分大于16.85%时，才有渗漏现象发生；而2007年、2008年所有沙丘2m处土壤含水量最大值分别为4.47%、5.88%，所以从土壤含水量情况分析，研究区沙丘2m以下应该无渗漏。

表4.3　研究区土壤特性[261]

Table 4.3　Characteristics of the soil in the research area

项目	容量（g/cm^3）	田间持水量（%）	最大持水量（%）
测定结果	1.57	16.85	20.82

入渗湿润峰迁移速率与入渗。降雨后，不同降雨量的湿润峰也以不同的速率向下迁移，但大多数的降雨入渗都发生在12h前，也就是说，在开始降雨的12h内，大多数的降雨已基本下渗[269]。实地观测中，土壤含水量都是在降雨发生至少48小时后进行测定的，因此认为此时湿润峰迁移速率开始达到稳定，并且下渗厚度达到恒定值。

综合研究区内降雨量和降雨强度、土壤含水量、入渗湿润峰迁移速率三方面考虑，可认为研究区所有降雨都补给到沙丘2m以内的土壤中，即研究区沙丘2m以内土壤无渗漏，$\Delta S=0$。

（3）地表径流量（N）

当植被覆盖率为100%时，瞬时降雨速率超过1000mm/月；当植被覆盖率为50%时，瞬时降雨速率须超过5350mm/月才可能有径流产生，在植被覆盖率一般较低，土壤沙性较重，而降水又是如此之少的毛乌素沙丘来说，形成径流的可能极小。由此可认为研究区地表径流量 $N=0$[270]。

（4）渗蓄量（ΔR）

沙丘土壤中的渗蓄量：

$$\Delta R=R_j-R_{j-1} \tag{4-6}$$

$$R_j=\sum_{i=1}^{200}(D_i\times\Delta H_i\times\rho_i) \tag{4-7}$$

式中：j为土壤含水量观测次数，R_j 为土层储水量（mm），ΔH_i 为土层厚度（cm），D_i 为该层土壤容质量（g/cm^3），ρ_i 为土层平均含水量（%），i为土壤分层数。

（5）研究区沙丘地表蒸散量

研究区沙丘的水分平衡可简化为：

$$E=P-\Delta R \tag{4-8}$$

式中：P—降雨量（mm）；E—地表蒸散量（mm）；ΔR—渗蓄量（mm）。

2.5　Penman - Monteith 方程计算地表蒸散量

Penman - Monteith 方程是计算地表蒸散量 E 的首选方法，它以能量平衡和水汽扩散理论为基础，既考虑了作物的生理特征，又考虑了空气动力学参数的变化，具有较充分的理论依据和计算精度[271]，与世界各地的蒸渗仪实测结果相比，Penman - Monteith 公式的计算精度比其他各种计算方法要好，且该公式不仅能计算以月为周期的蒸散量，还能计算以日或小时为周期的蒸散量[272]。Penman - Monteith 基本方程及各中间变量的计算公式如下。

$$E = ET_1 + ET_2 \ (mm \cdot d^{-1}) \tag{4-9}$$

$$ET_1 = \frac{0.408\Delta\ (R_n - G)}{\Delta + \gamma\ (1 + 0.34U_2)} \ (mm \cdot d^{-1}) \tag{4-10}$$

$$ET_2 = \frac{\frac{900}{T+273}\gamma U_2\ (e_a - e_d)}{\Delta + \gamma\ (1 + 0.34U_2)} \ (mm \cdot d^{-1}) \tag{4-11}$$

$$e_a = \frac{e^0\ (T_max)\ + e^0\ (T_min)}{2} \ (kPa) \tag{4-12}$$

$$e_0\ (T)\ = 0.611\exp\left(\frac{17.27T}{T + 237.3}\right) \ (kPa) \tag{4-13}$$

$$e_d = e_a \times RH \tag{4-14}$$

$$\Delta = \frac{2504\exp\left(\frac{17.27T}{T+237.3}\right)}{(T+237.3)^2}\ (\mathrm{kPa}\cdot C^{-1}) \qquad (4-15)$$

$$\gamma = 0.00163\frac{P}{\lambda} \quad \lambda = 2.45\ (\mathrm{kPa}\cdot C^{-1}) \qquad (4-16)$$

$$U_2 = \frac{4.87}{\ln(67.\ -5.42)}U_Z\ (\mathrm{m}\cdot \mathrm{s}^{-1}) \qquad (4-17)$$

$$R_n = R_{ns} - R_{nl}\ (\mathrm{MJ\ m^{-2}}\cdot \mathrm{d^{-1}}) \qquad (4-18)$$

$$R_{ns} = 0.77\left(a - b\frac{n}{N}\right)R_a\ (\mathrm{MJ\ m^{-2}}\cdot \mathrm{d^{-1}}) \qquad (4-19)$$

$$R_{nl} = 2.45\times10^{-9}\left[1.35\frac{\left(a-b\frac{n}{N}\right)}{(0.75+2\times10^{-5}H)}\right](0.34-0.14\sqrt{e_d})$$
$$(T_k x^4 + T_k n^4)\ (\mathrm{MJ\ m^{-2}}\cdot \mathrm{d^{-1}}) \qquad (4-20)$$

$$G = 0.07\ (T_{i+1} - T_{i-1})\ (\mathrm{MJ\ m^{-2}}\cdot \mathrm{d^{-1}}) \qquad (4-21)$$

式中：ET_1—参考作物蒸散中的辐射项；ET_2—参考作物蒸散中的空气动力学项；R_n—冠层表面净辐射；G—土壤热通量；e_a—饱和水汽压；e_d—实际水汽压；Δ—饱和水汽压—温度曲线斜率；R_{ns}—净短波辐射；R_{nl}—净长波辐射；R_a—大气上界辐射；a、b—经验系数；γ—干温球常数；n/N—日照百分率；P—实际大气压；P_0—海平面气压；U_2—2m 高处的风速；Uz—测量点平均风速；Z—风速测量高度；T—平均气温；T_{max}—最高气温；

T_{min}—最低气温；T_{kx}—最高绝对气温；T_{kn}—最低绝对气温；RH—相对湿度。

在以上公式中代入月最高温度、月最低温度、月平均温度、月平均风速、月平均相对湿度、日照时数等气象参数，a、b 经验系数即可求算出研究区每月地表蒸散量。

2.6　植被蒸腾水分（E_1）

考虑气压订正，利用单叶气孔阻力，结合作物群体 LAI 的空间垂直分布计算，用于冠层蒸腾量计算的 Penman - Monteith 模型公式为[273-275]：

$$E_1 = \frac{LT \times 24 \times 3600}{10^6 \times (2498.9 - 2.33T)} \ (mm \cdot d^{-1}) \qquad (4-22)$$

$$LT = \frac{\frac{P_0}{P}\frac{\Delta}{\gamma}R_n' + \frac{\rho C_p(e_a - e_d)}{\gamma \quad r_a}}{\frac{P_0}{P}\frac{\Delta}{\gamma} + \left(1 + \frac{r_{sT}}{r_a}\right)} \ (W/m^2) \qquad (4-23)$$

$$\rho = 1.2837 - 0.0039T \ (kg/m^3) \qquad (4-24)$$

式中：E_1—冠层蒸发量（$mm \cdot d^{-1}$）；LT—冠层的蒸腾潜热（W/m^2）；Rn′—林冠截留净辐射（W/m^2）；ρ—空气密度（kg/m^3）；Cp—定压比热（1012J/（kg·K）；Δ—饱和水汽压—温度曲线斜率；γ—干湿表常数；e_d—实际空气水汽压（hPa）；e_a—气温 t 时的饱和水汽压（hPa）；r_a—空气动力学阻力（s/cm）；P_0/P—气压订正。

（1）冠层所截获的净辐射 Rn′

Rn′等于冠层上方的净辐射 Rn 与透过冠层到达林下地表的净辐射之差，在考虑叶面积指数 LAI 和林冠各层叶片的消光作用（对辐射的减弱程度用消光系数 k 表示）后，有：

$$R_n' = R_n \ (1 - e^{-k\,LAI}) \tag{4-25}$$

$$LAI = D \times A \tag{4-26}$$

式中：LAI—叶面积指数；k—消光系数；D—植被密度；A—单株叶面积。

（2）冠层整体气孔阻力

Penman 最早使用冠层表面阻力的概念是，把计算单片叶子水汽交换的方程（叶片表面阻力 r_{st}）用于冠层，将冠层看成一个整体或是一片巨大的叶片，对应的冠层阻力为 r_c[276]。将冠层整体气孔阻力看作是植物冠层内各层或不同部位叶片气孔阻力相并联的结果。因此，在确定方程中替代 r_c 的冠层整体气孔阻力 r_{sT}时，可以将整个冠层看成一个整体，并假设冠层内蒸腾水汽主要来自叶片分布最集中的中部，将冠层中部的平均单位叶片气孔阻力 r_{st}乘以比例系数 K′，则简化式为：

$$r_{sT} = K' \ r_{st}/LAI \tag{4-27}$$

式中：K′—比例系数。

首先得到实测蒸散值 LT 和式中的相关数据，然后反过来求算 r_{sT}，有了 r_{sT}便可按上式计算出系数。根据相关研究结果[277]，当群体结构变化不大时对应的比例系数基本比较稳定，本研究以实测的典型天气日蒸腾量和实测单位叶片气孔阻力 r_{st}数据为依据，采用上述方法推算出值取0.35。

（3）空气动力学阻力 r_a

本研究中计算空气动力学阻力的表达式为[278,279]：

$$r_a = \frac{4.72\left[\ln\left(\frac{Z-d}{Z_0}\right)\right]^2}{(1+0.54u)} \tag{4-28}$$

式中：Z—气象站测量风速处高度，取10m；d—零平面位移，取0.78倍平均植被高；Z_0—粗糙度，取0.075倍平均植被高0289；u为10m处平均风速。

2.7　植被萎蔫含水量（R）

土壤水势为-1.5Pa左右时，植物发生萎蔫；沙丘沙丘土壤含水量1.72%时，植物不能从土壤中吸收水分（即植物萎蔫系数1.72%）[280]。

$$R = H \times D \times \rho \tag{4-29}$$

式中：R为植物萎蔫含水量（cm），H为土层厚度，取200cm；D为土壤容质量，取1.57g/cm^3，ρ为植物萎蔫系数，取1.72%。

3 技术路线图

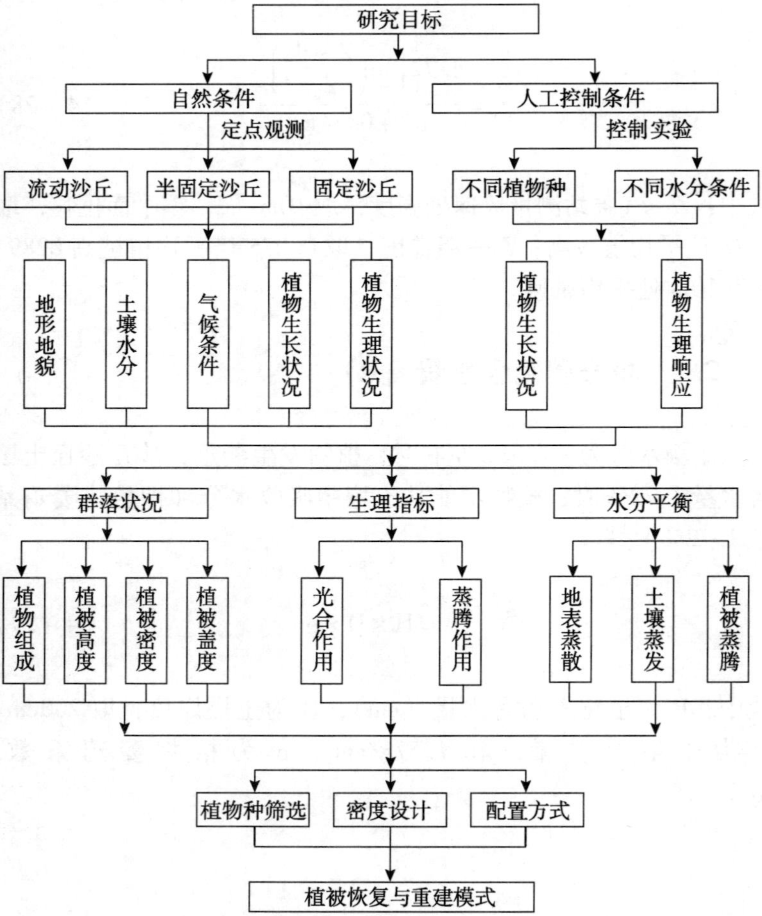

图 4.2 技术路线图

Fig. 4.2 Research design

第五章　植被群落结构特征

1　区域植被类型

目前，针对嘎鲁图镇的防风固沙植被体系还未建立起来，该区域现有的植被主要是针对210国道和省道的公路两侧人工防护植被和部分自然植被，本书中所调查的是以公路两侧人工防护植被为主，主要包括三种植被类型：

1.1　落叶阔叶植被

该沙区的落叶阔叶林不是典型的地带性植被类型，而是人工栽培的杨树林、旱柳林、樟子松林等林分，其中樟子松林分布面积有限，旱柳林在研究区的分布面积较大，最有代表性，旱柳闭郁度达到57.72%，平均高度11m。本植被型在研究区沙丘分布较广，但面积不大，主要作为公路沿线、村庄周围及农田防护林的林分，由于林下土壤团粒结构差，土层较薄，有机质含量低，加之干旱，林相比较稀疏，生长不良。林下草本层十分简单，多是一二年生草本，主要有蒺藜（Tribbulus terrestrus）、赖草、苦豆子（Sophora alopecuroides）组成。

1.2 沙生植被

沙生植被是研究区沙丘最有代表性和分布最广的类群，主要类型有：

流动沙丘先锋植物群落：植物组成为沙丘先锋植物，常见植物为虫实、沙芦苇、苦苣菜、沙米、沙竹、小画眉草、雾冰藜等，多分布在流动沙丘上（植被盖度小于10%），由于一二年生草本植物受降雨影响大，群落盖度大小对于植物沙丘固定的作用影响甚小。

油蒿（Artemisia ordosica）群落，是研究区沙丘中分布最广的沙生植物群落优势种，普遍分布于半固定和固定沙丘（群落盖度大于30%，地表有明显的结皮，风沙活动不显著）。植物组成以灌木、半灌木、多年生草本为主，半灌木油蒿建群，油蒿分别与杨柴、沙柳、小叶锦鸡儿、籽蒿、沙丘柏、达乌里胡枝子、糙隐子草、蒙古葱苦豆子、沙米、赖草、沙丘旋覆花等多种优势植物组成不同类型沙生群落，每个群落类型中含植物种数随沙丘流动程度的不同而变化，研究区内所组成的群落类型以油蒿+杂类草为主，其他类型还有油蒿+杨柴群落、油蒿+沙丘柏群落等，但都是以油蒿为建群种，高为0.1—1.2m，灌木郁闭度为0.1—0.6。

沙柳（Salix psammophila）群落，在本区分布面积较大，主要的群落类型有沙柳+多年生草本的“柳湾”群落，即在流动沙丘与半固定沙丘的丘间低地或沙丘与滩地边缘成带状蜿蜒的柳灌丛，由沙柳与乌柳分别构成群落或二者混生的群落。柳湾有丰富的潜水补给，且是流动的淡水，雨季时有地表积水。柳灌丛下有丰富的草甸草类，约40余种，在本群落中常见的灌木还有乌柳、沙棘，并可成为亚建群种，草本植物有拂子茅、碱茅、蒙古蒿、醉马草、天蓝苜蓿、鹅绒委陵菜、寸草，旋复花、野大麦、芦苇、绥草等。群落层次分化明显，所有灌木均呈丛状分布，疏密不均，高1—2.5m，灌木郁闭度0.4—0.6。草本层次不整齐，高0.1—0.5m不等，盖度60%—80%。

籽蒿（Artemisia sphaerocephala）群落，是固定流动沙丘的先锋植物群落，多分布在半固定沙丘上（地表流沙呈斑点状分布，无结皮，有较为显著的风沙活动），群落盖度低于15%。籽蒿群落物种组成简单，以半灌木籽蒿为主，常见伴生种有杨柴、小叶锦鸡等，常有一二年生植物沙米、沙旋覆花、雾冰藜等的出现，但其在群落中的作用不明显。

杨柴（Hedysarum mongolicum）群落，主要分布在本区半固定和固定沙丘与波状起伏的固定沙丘上，半灌木杨柴对流沙有良好的适应性，在本区大部分是飞机播种，群落结构较为单一，有部分一二年生草本植物伴生，群落高度一般为1.5—2m。

小叶锦鸡儿灌丛，是半干旱草原地带固定、半固定沙丘上分布最为广泛的一种具刺灌丛，天然分布于硬梁覆沙丘上，高约0.5—1.5m，群落常见的伴生种有油蒿、籽蒿、沙竹、白草、蒙古葱等。

1.3 低湿地植被

研究区的低湿地植被类型主要有：河漫滩植被、湖滨低地植被、丘间低地植被、滩地植被，滩地植被是该区低湿地植被的主要类型，主要分布在较高潜水位的滩地上，通常与盐碱化相联系，包括：岌岌草滩地、马蔺滩地与寸草苔草甸三个类型。

寸草（Carex stenophylla）草甸，俗称“寸草滩”，是滩地常见的群落类型，主要分布在潜水位在0.5m以内，土壤是湿润的草甸上。寸草占优势的草甸低平致密，如一片绿垫，盖度可高达

90%以上，高度一般在0.1m以下。群落的主要优势种为苔草、碱茅，伴生种有金戴戴、华蒲公英、海乳草、芦苇等[259,281]。

马蔺（Iris ensata）草甸，主要分布在滩地中稍高与碱化的地段，往往是由于过度放牧而形成的次生草甸群落，具碱化草甸土。群落盖度达到70%左右，高度为0.26m左右。

芨芨草（Achnatherum splendens）草甸，主要分布在较干燥的滩地上，土壤盐渍化较重，发育盐化草甸土。群落盖度达到15%以上，高可达到60cm。群落的主要优势种有野青茅、碱蓬等，伴生种有碱茅、盐爪爪、海乳草、华蒲公英等。

盐生植物群落，主要分布在碱湖湖滨或盐碱化的滩地，以碱蓬（Suaeda cornicul ata）群落最为常见。在荒漠草原上则系盐爪爪（Kalidium foliatum）与白刺（Nitraria tangutorum）的盐生群落。

尽管研究区沙丘植物群落类型多样化，但沙生植被却是本地区植被主体。这是因为研究区沙丘的优势覆盖和水分特点决定了灌木成为“地带性”的植物生活型，而不是乔木或草本植物。

2 沙生植被特征

虽然研究区植被类型可分为落叶阔叶林植被、沙生植被以及低湿地植被三大植被类群，但是由于落叶阔叶林植不适于在干旱、半干旱地区广泛种植，低湿地植被的生长区域又很特殊，所以只有沙生植被是该区沙丘最有代表性和分布最广的类群。沙生植被型的植被根系深，分枝多，具有保持水土和防风固沙作用，并且组成灌丛群落的多种植物是良好的饲草，还有不少是药用植物，是当前沙区生态建设与植被恢复所需要的主要乡土树种来源，因此主要针对沙生植被进行调查研究。

2.1　沙生植被的形态适应特征

在沙生环境条件下，水分是植物生长主要限制因子，水分关系是植物生长发育与生存繁衍的核心问题。沙生植物生活的环境虽千差万别，但它们或多或少都要受到短暂的或长期的水分亏缺的影响[282]。

当沙生植物对水分的需求超过水分供应时，植物必须对有限的水分采取更有效的利用方式来减小水分胁迫，满足植物基本的生理代谢。所以在沙地上生长与繁衍的植物，表现出对各种环境条件的生理反应和生态反应。这种综合反应，既包含着植物与干旱环境之间的相互作用因素，同时在其外表呈现的现象中也蕴藏着复杂内部形态变化和生理过程。对于沙化环境条件下长期生活的植物来说，其特有的形态特征和生理特征，是其生理生态适应性和遗传适应性共同作用的结果。沙生植物由于长期适应所生长的自然环境，发展了一套最适宜自身生长发育的生理生态特点，并采取各种不同的途径来抵御或忍耐干旱胁迫的影响，这就是耐旱性，即经受住干旱时期的能力。这种能力是一种复合性状，是一种从植物的形态解剖构造、水分生理生态特征及生理生化反应到组织细胞、光合器官乃至原生质结构特点的综合反应[283,284]。

沙生植物要能在沙地上生存，除了能够耐受干旱以外，还必须能够耐受营养不良（“饥饿”）。这样，一方面要发展出某种机制以减少水分的丧失，同时又需要维持高效能的光合作用。要维持这种生理上的平衡，可以称为“水分—光合作用的综合关系”。而它们的形态结构也就随着这些生理上的要求，发生某些相适应的变化[285]。如地上部分发育出种种防止过分失水的结构（植株矮化、叶片缩小等），而地下根系则扩展范围广（垂直根和水平根发达），增加了植物的吸水面，或有些植物地下部分形成储水的器官。为了维持高效能的光合作用，它们还具有极端发育的栅栏组织。当有些植物叶片变小或丧失后，它们的幼枝或幼茎就行施叶子的功能，在其皮层细胞或其他组织内常具有丰富的叶绿体[286]。下面将介绍研究区沙生植物根、茎、叶对干旱环境的形态适应特征。

（1）根的适应。根是植物适应陆上生活而逐渐形成的器官，它具有吸收、固着、输导、合成、储藏和繁殖等功能。根系一般是植物体生长在地面下的营养器官，土壤内的水和矿物质都是通过根进入植物的各个部分。它的顶端能最大限度向下生长，它的内部能生长出侧向的支根，形成庞大的根系，这样有利于植物体的固着、营养吸收，同时这也是促使植物体的地上部分能完善地生长，达到枝叶繁茂，花果累累的原因。所以，根系的活动与整个植物的生命活动紧密地联系在一起的[287,288]。

首先，沙生植物具有发达的根系（表 5.1）。如沙柳的垂直根可深达 3.5m 以上，水平根可延伸到 20 多米，根系主要分布在 10—30cm 土层中[169]。发达的根系一方面可增加植物的抗旱性，使其吸水表面增大，提高植物的吸水效率，使之在干旱胁迫下维持较大的吸水力，以减轻干旱对它的危害。另一方面发达的根系也扩大了植物的养分吸收面，增加了植物耐贫瘠的能力，以维持在瘠薄沙地上的正常生长。

表 5.1 固沙植物根系的形态特性[289]

Table 5.1 root morphological characteristics of sand fixing plants

固沙植物种	栽种年限(年)	调查株数(株)	株高(cm)	冠幅(cm)	根深(cm)	根幅(cm)	根幅/冠幅	根系密集深度(cm)
杨柴	2	10	56.6	48.5	120	135	6.86	20—80

续表

固沙植物种	栽种年限(年)	调查株数(株)	株高(cm)	冠幅(cm)	根深(cm)	根幅(cm)	根幅/冠幅	根系密集深度(cm)
油蒿	2	10	28	35	98	158	4.51	20—40
柠条	2	10	35	17	70	110	6.47	20—40
籽蒿	2	10	11	6	64	37	6.17	40—100
小叶锦鸡儿	2	10	28.8	6.5	91	63.7	9.8	40—100

一般沙地上的植物主根入土较深，具有较大的根冠比[286]。如沙葱根系垂直分布深度30cm，是地上部分高度的1—2倍，水平分布范围可达140cm，是地上部分的7—8倍，根冠比值达2—3：1[290]；籽蒿在沙地上根系入土深度达2.5m以上，根冠比值达3—4：1；油蒿根系也较发达，其入土深度达3.5m，根冠比值达5.4：1。这样发达的根系有利于植株吸收深层的稳定水分，同时根冠比的增加减少了地上部分的耗水量[286]。有一些沙生植物则垂直根系可伸入到沙地的湿润层，如一些灌木的根能伸到150cm的沙层里，骆驼刺的根一直能伸到有地下水的地方；苜蓿虽为草本，其根系竟可达40m。强大的根系是最大限度地吸取水分的一种适应；同时发达的根系也起到了良好的固沙作用[291]。

有的沙生植物根系虽不太深，但水平根系可扩展到很远，一株四年生的沙柳，水平根幅可达20余米，表层（0—5cm）须根也极为发达，密如蛛网盘结在沙丘上层，形成庞大的扩散根系，最大限度地吸收落在沙子表面的雨水。沙拐枣的垂直根系较浅，水平根系则长达十几米，只要地面上有一点点水，它就能充分吸收[292]。还有些沙地植物不但垂直根发达，而且水平侧根也较发达，如梭梭垂直根可达9米，水平根能伸到10米以外；小叶锦鸡儿垂直根一般入土3m左右，水平根却可达20m左右。发达的水平根可使植株最大限度地吸收落在沙地表面的雨水。另外，有些沙生植物具有在被埋没的茎干上长出不定芽和不定根的能力，如齿叶白刺（Nitraria robarowskii）被沙埋没后根系生长反而加快，在根颈处和被埋枝干上还长出许多枝条，并且枝上长枝，风沙越凶，生长越旺，天长日久，自然形成一个突起的像坟堆似的白刺包[293]。沙鞭被沙埋没时，茎干上也能长出不定根和不定芽；黄柳（Salix flavida）、砂引草（Messerschmidia sibirica）、白沙蒿（Artemisia sphaerocephala）和油蒿等，也都具有这种适应特征[294]。

其次，由于沙地昼夜温差较大，为了适应这一显著变化，尤其是阳光的强烈反射和灼热沙粒的伤害，不少沙地植物具有根套[286]，即在根的外层由分泌的液体黏结沙粒成套状，既可以避免外界高温灼烧，还可以避免风沙打击和摩擦伤害。如沙芦草（Agropyron mongolica）、沙鞭、沙芥（Pugionium cornutum）、沙竹（Psammochloa villosa）等的根都具有根套。蒙古葱（Allium mongolicum）的根具有厚的纤维鞘；油蒿、白沙蒿等半灌木的根则强烈木质化。这些特征都可使根系免受灼热沙粒灼伤、沙流机械伤害，减少蒸腾和防止反渗透失水现象的发生。有些沙生植物还具有耐风蚀的特点，在风蚀露根时能在暴露的根系上长出不定芽，如沙竹、油蒿、西伯利亚白刺（Nitraria sibirica）、梭梭（Haloxylon ammodendron）等都具有这种特点，但在风蚀过重，根茎暴露过久时，也会逐渐死去[294]。

最后，从形态解剖结构上看：①沙生植被根系有不同程度的肉质化，主要是其根内薄壁组织细胞的增加，从而形成地下贮水器官。有的植物具有很厚的皮层，具有类似根套的作用；但生长在极端沙漠中的植物根皮层的层数反而减少，这种特性被认为是缩短了土壤与中柱的距离，更有利于水分的吸收。②内皮层的凯氏带变宽。凯氏带的变宽似乎与旱生植物的性状有一定关系，在极端条件下，凯氏带占据着整个内皮层细胞的径向壁与横向壁。③具有发育良好的木质部，以利于水分迅速输导。沙生植物的根系中除具有垂直根和横向性的根外，还具有长度可达10m的水平根，这种根在远基端有长而宽的导管分子，从而保证了水分在水平根中的有效流动，从而对迅速失水的沙土上层吸水具有重要作用。④一些沙生植物的根往往形成异常结构，如骆驼蓬（Peganum harmala）、驼绒藜（Ceratoides lantens）、沙蓬（Agriophyllum squarrosum）。异常维管组织的生态学意义是：干旱造成外部组织死亡后，内侧的韧皮部仍能进行正常的养料运输；发达的异常维管束木质部，使植物不至于失水萎蔫而死亡。因此，异常维管束的形成是植物适应恶劣环境的一种措施。此外，沙生灌木的一些种类往往形成木间木栓的异常保护组织，可把水分的向上运输限制在小的木质部区域内，对维持水分平衡极为重要[295]，同时也对长期适应沙地干旱环境具有重要意义。

（2）茎的适应。茎是植物地上部分的营养器官之一。当种子萌发时，胚轴和胚芽伸出地面，长成地上部分的茎和叶。茎是植物体的骨架部分，茎的主要机能是担负植物体的输导作用，把根吸收的水分和无机盐输送到茎、叶及其他部分，又将叶片光合作用制造的有机物质，输送到根和其他部分。茎的另一重要机能是支持叶、花和果实，并有规律的分布，使叶片获得充分的阳光以进行光合作用、蒸腾作用和气体交换，同时有利于传粉以及果实和种子的散播，有利于种族的繁衍。此外，有些植物的茎还有贮藏营养物质和进行营养繁殖的作用[296]。

沙生植物茎经受干旱的影响，远比根部显著，它们在形态结构上表现出明显的旱生特征。一般植物都用绿色的叶子进行光合作用，而很多沙生植物因为叶子退化，于是幼枝代替了叶子的功能，例如各种梭梭（Haloxylon spp.）和沙拐枣（Calligonums spp.）茎上已不发育出叶片（或有一些退化程度很高的鳞片叶），却在幼小的绿色枝条上进行光合作用，形成所谓同化茎。有的这些枝条以后也可能脱落。有些沙漠植物的枝条，在干旱季节可以及时枯死，以减少水分的蒸发，同时使植物体内需水的程度减到最低限度，但是一到雨季，它们又能够迅速长出新的枝条（如绵刺）[295]。还有很多沙生植物的茎枝上也有很大变化。如骆驼刺的枝退化成针刺状；沙拐枣、梭梭、白刺和霸王的茎枝上都长了一层光滑的白色的蜡皮，这种蜡皮不但有反射强烈阳光的作用，同时也可以减少植物茎枝水分的蒸发[292,297]。

沙生植物，常形成分裂的茎，如骆驼蓬（Peganum harmala）、霸王（Sarcozygium xanthoxylon）和绵刺的茎部都可以裂开成几部分，分裂形成的几个部分由于遇到的小环境不同，有的枯死了，有的却能存活下来，继续生长，甚至形成新的植株[298]。从茎部的解剖结构特征看：①皮层和髓的宽度与中柱的比率较大。一般认为，沙生植物茎的皮层与中柱的比率较大，髓较窄[299]。李正理等[285]（1981）在对旱生植物同化枝的各组织进行比较后也得出了相同的结论。但是，黄振英[300]（1997）的研究发现，上述结论只适用于具同化枝的种类中。而多数的植物具有发达的髓，发达的髓具有贮水功能，从而保护维管组织免受干旱。②沙生植物的形成层活动有年节奏性，一般多随当地雨季的来临而开始活动，一进入旱季，活动随即停止[305]。③具有发达的机械组织。Fahn（1982）曾指出：缺水、缺氮和强光可造成机械组织发达[301]。维管组织中，发达的韧皮纤维可增强轴器官的支持力，防止干旱或沙割所造成的损伤。木纤维发达，木薄壁组织细胞的细胞壁强烈木质化可进一步增强支持力，从而保证了输导的安全性[300]。如绵刺茎中机械组织发达，木质化程度高，加强了机械支持作用，同时也保护了输导组织，并以其较高的韧性防止大风对幼茎的伤害及干旱对幼茎造成的萎蔫[302]。④保持着生活木纤维。大多数在沙漠生长的植物，边材的木纤维和纤维管胞，可含有原生质体和贮藏物质，仍保持活状态[285]。⑤部分沙生植物形成同化枝。Lyshede（1979）曾指出：同化枝的形成是干旱条件下进化的顶峰。李正理等（1981）认为，同化枝具发达的栅栏组织及较多的气孔数目，反映它具有较高的光合作用效率，而光合作用效率的提高也是一种抵抗干旱的重要因素。此外，同化枝在结构上与环栅型叶有许多共同点，说明它是一种高光效器官[300]。⑥形成各种异常结构。胡正海等（1993）曾指出：异常维管组织是一些荒漠植物较普遍的结构特征[303]。Fahn 等（1967）用放射自显影技术研究了生长在沙漠中的 4 种藜科植物后发现，分散在厚壁结合组织中的韧皮部具有多年的生活力，即使由于长期干旱使茎外侧的组织干枯死亡，而内侧的异常维管组织仍能起到物质运输作用，从而能为芽提供营养，使之在生长季节来临时，能立即发育[304]。此外，祝建等[305]（1992）对旱生植物驼绒藜，张泓等[306]（1992）对旱生植物骆驼蓬、杨培君等[307]（1993）对沙蓬的异常结构所进行的研究中，也认为这种结构对长期适应干旱具有重要意义。由此可见，厚壁的结合组织可以使韧皮部能更好地避免高温、强光、干旱所造成的损伤，具有积极的生态学意义。

（3）叶的适应。叶是植物体进行同化、蒸腾作用的主要器官，具有较大的表面面积，接触周围环境远比其他器官多，植物对环境的反应也就较多地反映在叶的形态结构上。因此，叶的结构对生境条件变化的反应最为敏锐[308]。沙生植物，由于长期适应干旱的环境，叶片的结构主要朝着降低蒸腾失水和存储水分两方面发展，多数具有旱生或超旱生结构。

①叶片缩小。叶片的表面积/体积比值普遍小于中生植物[309]（表 5.2）。叶片越厚，表面积与体积比值越小，越有利于植物抑制蒸腾失水，这样植物适应干旱的能力就越强[286]。②表

皮结构出现各种旱生特征：角质层发达。沙地植物除缩小叶面积外，还具有较厚的角质层。如油蒿角质层厚约6μm、籽蒿7μm，沙冬青角质层极厚可达15μm。这样发达的角质层可以抑制角质蒸腾。具有发达的毛状体。生于沙地植物的叶子常具有浓密的表皮毛，尤其是少浆汁植物如柠条锦鸡儿叶表皮毛为400个/mm^2、杨柴为213个/mm^2[286]。关于表皮毛的作用，目前认识仍不统一，Shields（1950）在研究了旱生植物的毛状体后认为，毛状体是水分丧失的征兆，而不是减少水分蒸发作用的结构。而Fahn（1986）在研究旱生植物表皮毛的功能后发现，毛状体加厚的细胞壁很难被穿透，从而表明旱生植物的表皮毛具有良好的隔水保水功能[300]。李正理[285]（1981）认为表皮毛具有减低蒸腾的作用和反射强光作用。刘家琼（1982）认为浓密的表皮毛并不能抑制蒸的失水，它只具有反射阳光的强烈照射，使叶肉免受高一温的灼伤功能[300]。气孔呈典型的旱生状态。在炎热的夏季，可以看到保卫细胞的壁明显增厚[295]，如假木贼（Anabasis areiculata）[285]。有些植物气孔深陷在表皮之下，形成气孔窝，可使其外面保持一层静止且含水较高的空气，以增加气体扩散阻力而减少蒸腾。如籽蒿气孔下陷深度为2.6μm，花棒3.0μm，沙冬青气孔下陷极深可达18.0μm[286]。少浆汁旱生植物具有气孔小而数目众多的特点，其气孔数比中生植物多，而多浆汁旱生植物的气孔数则比中生植物要少。因此，笼统地认为旱生植物具有小而多的气孔是片面的。就单个气孔的面积而言，少浆汁旱生植物的气孔比多浆汁旱生植物和中生植物都小。对于少浆液植物来说，气孔密度的增加，可在水分供应充足时，增加气体的交换而提高光合效率[286]。③栅栏组织高度发育。叶肉中栅栏组织发达，缺乏或只有少数海绵组织，两者的比值明显高于中生植物。如沙冬青栅栏组织厚度为340μm，约占叶肉的80%，海绵组织完全退化，栅栏组织与栅栏组织之间的比值极大。栅栏组织的高度发育，除能增强光合作用的活力外，还能在水分供应适宜时增加植物的蒸腾效率[285,286,309]④机械组织发达。具有大量的厚壁组织，并可有很大的机械强度，可以减低萎蔫时的损伤并抵抗风沙袭击。⑤输导组织和贮水组织发生变化：少浆液植物（例如，沙枣、沙冬青和苦豆子等）具有发达的网状叶脉，这种发达的叶脉与其强烈的蒸腾相关。对于多浆液植物来说（如沙拐枣、油蒿、籽蒿和梭梭等）输导组织不甚发达，可能是因为这类植物有了发达的贮水组织，而不必依靠强大的输导系统来迅速补充水分散失。多浆植物具有发达的贮水组织，它们往往形成肉质的叶子，贮水组织由大型的细胞组成，含有大液泡，渗透压高，或者还具有黏液，能适应极端干旱的环境[295,310]。⑥叶各类组织中普遍存在黏液细胞与结晶。黏液细胞起保水作用在周围形成湿的小环境；含晶细胞的出现则是减小有害物质浓度的积极适应方式[295]。有些植物如花棒（Hedysarumscoparium）、白梭梭（Halonxylonpersicum）、骆驼刺（Alhagipseudalhagi）含有胶体物质，这些黏液物质为树胶，树胶的存在与大气干燥和高温有着密切关系，树胶物质通过提高渗透压提高植物的保水性与吸水力。

表 5.2　几种沙生植物与其他旱生及中生植物的叶表面积与体积比值的比较

Table 5.2　Comparison of leaf superficial area/volume of sever psammophyteswith those of other xerophytes and mosophytes

植物名称	叶表面积（μ_2）	叶肉组织体积（μ_2）					表面积/体积（μ_2/100μ_2）
		表皮组织	栅栏组织	海绵组织	贮水组织	总计	
油蒿	19200	1286400	10560000	—	—	11846400	1.62
沙葱	19200	691200	7641600	—	17971200	26304000	0.73
沙柳	19200	1094400	6700800	—	—	7795200	2.46

续表

植物名称	叶表面积（μ_2）	叶肉组织体积（μ_2）					表面积/体积（μ_2/100μ_2）
		表皮组织	栅栏组织	海绵组织	贮水组织	总计	
沙地柏	19200	1632000	5155200	2284800	—	9072000	2.12
其他旱生植物							
霸王	19200	368640	4492800	—	1625840	6487280	2.96
花棒	19200	299520	2442240	—	—	2741760	7
中生植物							
二白杨	19200	322560	1082880	368640	—	1774080	10.82
文冠果	19200	276480	921600	460800	—	1658880	11.57

总之，生长在干旱环境的沙生植物，通常表现出各种相似的适应旱生形态特征。

2.2 沙生植被常见植物种

对乌审旗野外沙生植被群落调查后发现，研究区沙生植被群落因地形条件差异，明显分为两种类型：固定沙丘下部和丘间低地生长着以沙柳为建群种的沙生植被群落，常见种有乌柳、油蒿、紫穗槐、莎草、沙芦苇、小叶锦鸡、拂子茅、沙棘、针茅、沙旋覆花；半固定和固定沙丘迎风坡主要分布以油蒿为建群种的沙生植被群落，常见种有：杨柴、籽蒿、沙竹、沙米、虫实、沙葱、小画眉草、牛心朴子等。

2.3 沙生植被优势植物种

重要值反映了植物种在群落中的相对重要性，是确定群落优势种的重要依据。研究中分别对这两种群落进行野外样方调查，记录植物种类及其密度、盖度、频度，计算相对密度、相对盖度、相对频度以及重要值（图 5.1、图 5.2），筛选适宜当地条件的优势种。

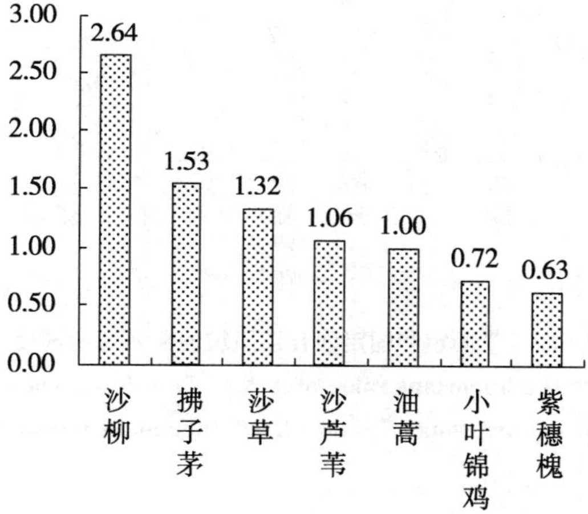

图 5.1　流动和半固定沙丘下部和丘间低地沙柳群落重要值

Fig. 5.1　The important value of Salix psammophila community on inter－dune lowland and the lower part of fixed－sand dune

由图 5.1 和图 5.2 可见，在固定沙丘下部和丘间低地的沙柳群落中，重要值排列前三位的灌木植物有沙柳、油蒿和小叶锦鸡；在半固定和固定沙丘迎风坡的油蒿群落中，重要值排列前三位的灌木植物有油蒿、籽蒿和杨柴；因此可认为研究区优势灌木种为油蒿、籽蒿、沙柳、小叶锦鸡和杨柴。

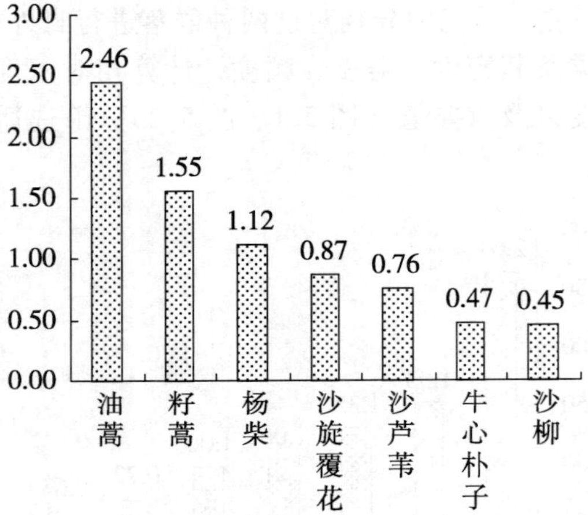

图 5.2　半固定和固定沙丘迎风坡油蒿群落重要值

Fig. 5.2　The important value of Artemisia ordosica community on windward slope of semi - fixed dune and fixed dune

2.4　沙生植被覆盖度动态变化

植被覆盖度是植被群落结构特征的主要指标之一，也是防风治沙工程研究的重要参数，它不仅受植物本身生长特性的影响，同时还随受季节、降雨量、地形条件等环境因子的变化而波动，研究区沙生植被随季节和地形条件的变化表现出明显的变化规律。

（1）季节变化动态

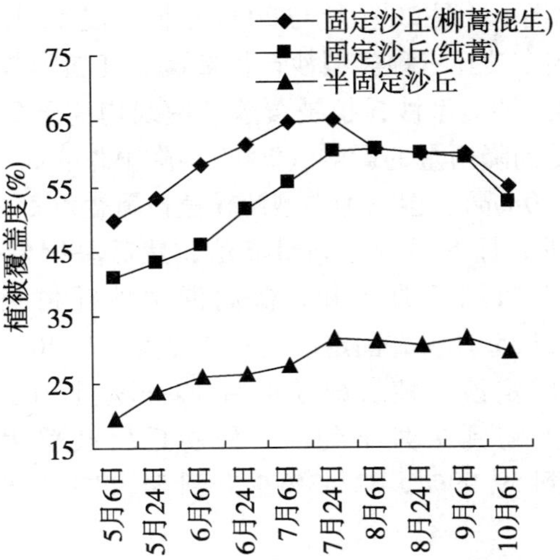

图 5.3　2007 年沙丘植被覆盖度随季节变化

Fig. 5.3　The seasonal variations of vegetation coverage on dune in 2007

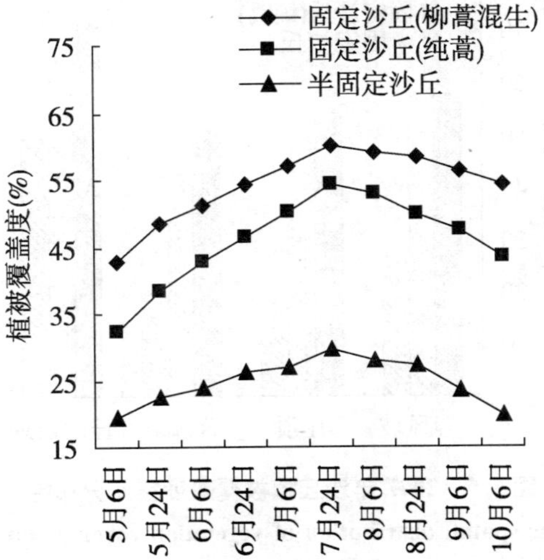

图 5.4　2008 年沙丘植被覆盖度随季节变化

Fig. 5.4　The seasonal variations of vegetation coverage on dune in 2008

图 5.3、图 5.4 是 2007 年与 2008 年柳蒿混生固定沙丘、固定沙丘和半固定沙丘三种类型沙丘植被覆盖度随季节变化曲线，可见 2007 年三种类型沙丘植被覆盖度曲线均高于 2008 年的曲线，可能是受到降雨量的影响（2007 年降雨量 485.3mm，2008 年降雨量 348.0mm）；但三种类型沙丘植被覆盖度都是从 5 月上旬逐渐上升到 7 月下旬时达到最高值，然后呈缓慢下降趋势，2007 年 5 月上旬到 7 月下旬，柳蒿混生沙丘植被覆盖度从 49.65% 上升到 65.16%，固定沙丘植被覆盖度从 40.89% 上升到 60.58%，半固定沙丘植被覆盖度从 19.40% 上升到 29.62%；2008 年 5 月上旬到 7 月下旬，三种沙丘植被覆盖度分布从 42.66% 上升到 59.99%，32.43% 上升到 54.27%，19.51% 上升到 29.52%。

（2）空间分布特征

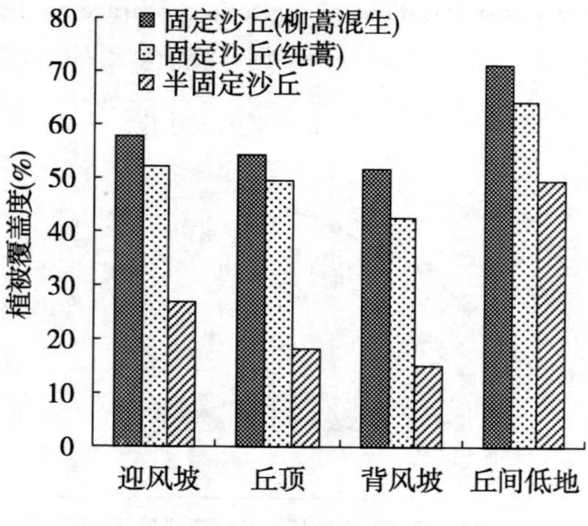

图 5.5　2007 年沙丘植被覆盖度空间分布特征

Fig. 5.5　The spatial distribution of vegetation coverage on dune in 2007

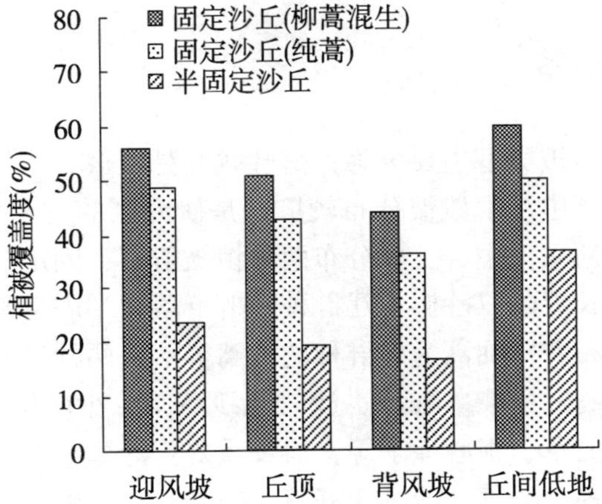

图 5.6　2008 年沙丘植被覆盖度空间分布特征

Fig. 5.6　The spatial distribution of vegetation coverage on dune in 2008

图 5.5、图 5.6 是 2007 年与 2008 年植物生长季（5—10 月）柳蒿混生固定沙丘、固定沙丘和半固定沙丘三种类型迎风坡、坡顶、背风坡与丘间低地四种为地形条件下植被覆盖度平均值，可见 2007 年与 2008 年三种沙丘类型植被覆盖度都表现为：柳蒿混生固定沙丘 > 固定沙丘 > 半固定沙丘，2007 年与 2008 年三种沙丘植被覆盖度分别为 58.7%、52.84%，52.36%、44.34%，27.45%、24.02%；四种微地形条件中丘间低地植被覆盖度最高（2007 年与 2008 年分别为 61.68%，48.98%），其次是迎风坡（2007 年与 2008 年分别为 45.72%，42.75%）、坡顶（2007 年与 2008 年分别为 40.77%，37.60%），背风坡的植被覆盖度最小（2007 年与 2008 年分别为 36.51%，32.41%）。

2.5 小结

研究区植被类型主要分为：落叶阔叶林植被、沙生植被和低湿地植被，其中沙生植被分布较广，是研究区的主要植被类型；在不同的立地条件中，主要分布两种植被群落：固定沙丘下部和丘间低地生长着的以沙柳为建群种沙柳群落，半固定和固定沙丘迎风坡上分布着以油蒿为建群种的油蒿群落；两种群落中常见种有沙柳、油蒿、杨柴、籽蒿、沙竹、沙芦苇、小叶锦鸡、沙米、虫实、小画眉草、牛心朴子等，通过重要值计算，可认为研究区内灌木优势种为油蒿、沙柳、籽蒿、杨柴和小叶锦鸡。

沙生植被覆盖度随季节和地形条件的变化波动。在植物生长特性和降雨量的双重影响下，植被从 5 月开始萌发，覆盖度逐渐上升，到 7 月下旬左右达到最大值，随后逐渐下降；沙生植被覆盖度的空间差异表现为柳蒿混生固定沙丘 > 固定沙丘 > 半固定沙丘，丘间低地 > 迎风坡 > 坡顶 > 背风坡。

目前，嘎鲁图镇周边的防风固沙植被体系由公路两侧人工防护植被 + 自然植被共同构成，以沙生植被类型为主，其中油蒿群落居多，整个区域植被较为单一，植物的经济产出有限；丘间低地虽然具备有利于植被生长的自然条件，植被覆盖度较高，但没有得到充分利用，造成城镇周边土地资源的浪费；因此嘎鲁图镇周边的防风固沙植被还需恢复和重建。

第六章 沙丘土壤水分

在干旱、半干旱地区，水分因子是影响植被分布、生存、生长的关键因素，土壤中所含水分是植被生长的主要水分来源，因此土壤水分条件的优劣是植被生产力的重要标志。同时，土壤水分还是联系土壤—植被—大气系统的重要纽带，在该系统的水、热传输过程中有重要作用。了解土壤水分基本特征和时空分布动态变化，为植物种的筛选、配置、密度调控提供依据，对植被的恢复与重建有重要作用。

对嘎鲁图镇来说，城镇周边存在固定沙丘（柳蒿混生）、固定沙丘（纯蒿）、半固定沙丘和流动沙丘，固定沙丘植被覆盖度较大，能够达到防沙治沙效果，不是本项研究工作的重点；半固定沙丘还会发生起尘现象，需要进行一定工作；流动沙丘植被覆盖度低，是本项工作的重点。对现有沙丘水分状况是否可以满足植被恢复到固定沙丘状况，需要科学分析计算，为植被恢复工作提供理论依据。同时考虑优势植物种耗水量、根系深浅不一等因素对土壤水分的要求不同，因此对现有四种类型沙丘的土壤水分特性及土壤水分含量进行了测定。

实验区土壤粒径均在0.6mm以下，其中0.1—0.3mm占70%—80%，土壤粒径较粗，质地均一，物理黏性粒（<0.01mm）和有机质含量很少，确定项目区土壤质地为砂粒土壤，该土壤持水力弱，渗透能力强，土壤水分移动性差，地下水通过毛细管作用对上层土壤水分的补给很困难，而且是一个长期而缓慢的过程[311]；实

验区土壤容重 1.57g · cm^{-3}，田间持水量 16.85%，最大持水量 20.82%[261]。

1 土壤水分的季节变化规律

毛乌素沙丘土壤水分在降雨、气温、植被等外界因素综合影响下，有很强的季节变化规律。

1.1 流动沙丘土壤水分季节变化规律

在流动沙丘，天然降水是土壤水分的主要来源，流动沙丘上植被稀疏，其土壤含水量主要受降雨和气温的影响。由 2007、2008 年的降水量和气温统计结果和流动沙丘土壤平均含水量随季节变化曲线显示（表 6.1，图 6.1）：4—5 月，月平均气温上升，当地积雪和冻土融化，加上该时期降水量逐渐增加，使土壤水分得到了有效补给，并且此时温度适中，土壤蒸发量小，所以土壤含水呈逐渐增加的趋势，增加幅度主要受降水量影响（2007 年 5 月降水量 83.3mm，土壤含水量大幅上升了 2.64%，2008 年 4—5 月降水量小，土壤含水量上升幅度小只有 0.37%）。6—7 月影响土壤水分的主要因素是降水量，当然还有气温等因素，在 6—7 月，月平均气温与最高气温都升高，土壤蒸散量大，虽有降雨增加，但降雨后蒸散量也增加，因此土壤含水量没有大幅上升（2007 年在 3.32%—3.38% 之间；2008 年在 2.52%—2.3% 之间）。8—10 月中，8 月是研究区降雨最为集中的阶段，气温虽高，但降水量大于蒸散量，9、10 月气温开始下降，土壤蒸散量也减少，降水虽然减少，但蒸散量还是小于降水量，因此 8—10 月土壤含水量表现出上升趋势（2007 年最高达 4.58%，

2008 年最高达 5.25%)。11 月到次年 4 月，降水量逐渐减少，气温也降低，土壤开始冻结，进入休眠时期，这段时间，土壤含水量比较稳定（2007 年大约 2.23%，2008 年大约 2.51%)。因此，流动沙丘土壤含水量随季节的动态变化可划分为四个阶段[184]：土壤水分春季积累期（4—5 月)，夏季土壤水分消耗期（6—7 月)，土壤水分秋季积累期（8—10 月)，土壤水分稳定期（11 月—次年 4 月)。季节平均含水量情况：土壤含水量秋季积累期 > 春季积累期 > 消耗期 > 稳定期（2007 年流动沙丘四阶段平均含水量分别为 3.99%、3.55%、3.34%、2.23%，2008 年分别为 4.52%、2.7%、2.41%、2.51%)。

表 6.1　2007、2008 年月平均气温、最高气温与月平均降水量

Tab. 6.1　The monthly average temperature, highest temperature and monthly average precipitation in 2007 and

项目	1 月	2 月	3 月	4 月	5 月	6 月	7 月	8 月	9 月	10 月	11 月	12 月
2007 年月平均气温 /℃	-7.8	-0.1	1.9	9.7	18.2	20.7	22	22.3	15.5	7.9	1.5	-5.1
2007 年月最高气温 /℃	7.2	15.8	19.6	23.9	30	32.9	33.7	34.7	27.5	19.2	15.9	5.7
2007 年月平均降雨 /mm	0.7	8.6	29.4	6.7	83.3	85.2	32.1	148.7	36.6	51.7	0	2.3
2008 年月平均气温 /℃	-11.1	-8.5	5.4	11.3	17.5	21.4	23.3	19.9	15.5	8.9	1.2	-6.5
2008 年月最高气温 /℃	7.6	9.3	23.2	27.7	31.8	34.1	34.7	32.3	29.3	23.3	16	9.3
2008 年月平均降雨 /mm	9.5	2.5	0.5	19.4	4.8	41.5	19.3	175.3	68.1	4.7	2.4	0

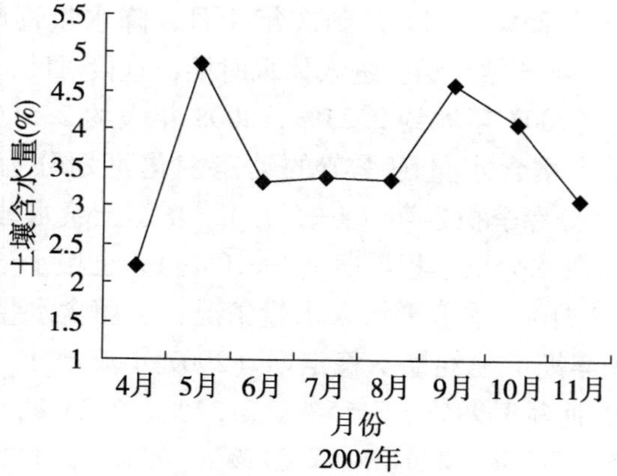

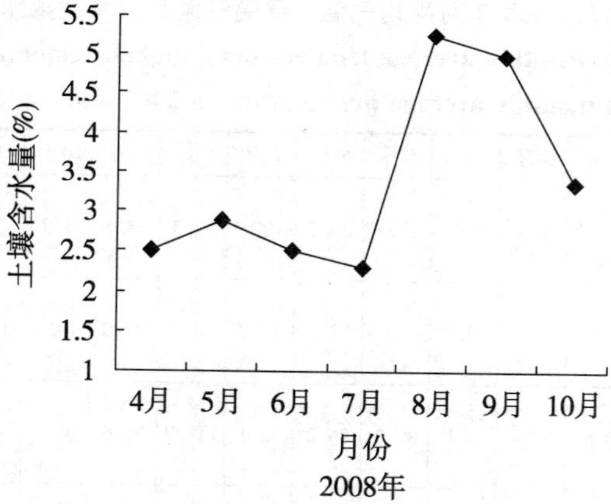

图 6.1　流动沙丘土壤平均含水量季节变化曲线

Fig. 6.1　The curve of seasonal variances on average soil water content of moving dune

1.2　固定、半固定沙丘土壤水分季节变化规律

半固定沙丘、固定沙丘（纯蒿）、固定沙丘（柳蒿混生）土壤含水量不仅受降雨、气温等气象因素的影响，与植被的生长情况也有着密切联系。三种沙丘土壤水分季节变化规律相同，与流动沙丘的季节变化规律相似，也大致分为四个时期（图 6.2）：土壤水分春季积累期（4—5 月），土壤水分消耗期（6—7 月），土壤水分秋季积累期（8—10 月），土壤水分稳定期（11 月至次年 4 月）。4—5 月在土壤水分春季积累期，气温回升，冰雪融化，加上春季降水量的增加，土壤水分得到补给，由于植被处于萌发阶段，气温又适中，植被耗水量和土壤蒸腾量都不大，土壤水分呈上升趋势。6—7 月，按照研究区近五十年月平均降水量分布规律，这一时期降雨量增大，土壤含水量能够得到有效补给，但植物进入了生长旺盛期，植被蒸腾耗水量增加，再加上植被冠层截留和地表结皮的阻碍因素，降水向下入渗的深度一般比较浅，且通常在降雨后浅层土壤水分蒸发较快，所以土壤含水量会呈现大幅度下降的趋势，是土壤水分消耗期。8—10 月植物生长衰退，气温开始下降，土壤与植被的蒸腾消耗减少，但降雨仍然十分活跃，所以土壤含水量大幅上升，是全年中土壤含水量最高的秋季积累期。11 月至次年 3 月，植被枯死，对沙丘土壤水分几乎没有影响，沙丘土壤水分进入稳定期。

半固定沙丘、固定沙丘（纯蒿）、固定沙丘（柳蒿混生）沙丘土壤季节含水量秋季积累期 > 春季积累期 > 稳定期 > 水分消耗期，而且在降水量相对少的情况下（2008 年）更为明显：2008 年固定沙丘（纯蒿）为 3.62%、2.97%、2.96%、2.08%；固定沙丘（柳蒿混生）为 3.65%、3.36%、3.26%、2.16%；半固定沙丘为 3.71%、3.27%、3.17%、2.25%。

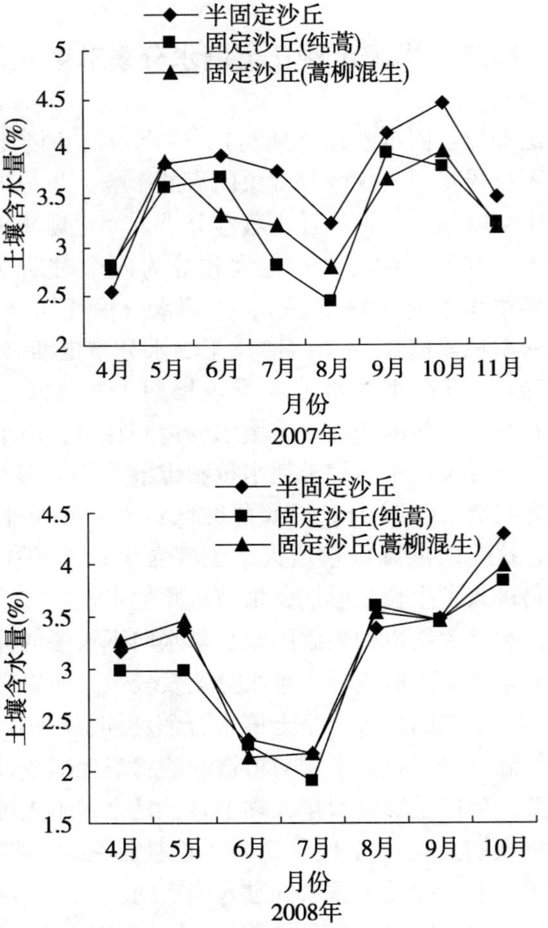

图 6.2 固定、半固定沙丘土壤平均含水量季节变化曲线

Fig. 6.2 The curve of seasonal variances on average soil water content of dune in the vegetation

1.3　不同固定程度沙丘土壤水分季节变化规律

在同样的降水量、气温等气象条件下，流动沙丘、半固定沙丘、固定沙丘土壤含水量的季节变化规律有相似的变化趋势，但也因各自地表植被状况不同有所差异：（1）流动沙丘、半固定沙丘、固定沙丘沙丘土壤含水量同样分为四个阶段：春季积累期、水分消耗期、秋季积累期、稳定期，流动沙丘土壤平均含水量情况是秋季积累期 > 春季积累期 > 消耗期 > 稳定期；而半固定沙丘、固定沙丘土壤平均含水量情况是秋季积累期 > 春季积累期 > 稳定期 > 水分消耗期。（2）流动沙丘土壤水分消耗期阶段，土壤水分含量波动不大，2007 年在 3.31%—3.38% 之间，2008 年在 2.51%—2.3% 之间；而半固定沙丘、固定沙丘沙丘土壤水分消耗阶段，土壤水分含量大幅下降，尤其在降水量较低年份表现突出：2008 年固定沙丘（纯蒿）、固定沙丘（柳蒿混生）、半固定沙丘分别下降了 1.06%、1.27% 和 1.18%。（3）在降水量相同的情况下，流动沙丘土壤水分季节变化曲线波动剧烈，受降水量影响大（在降水量较高的两个月份中，2007 年 5 月和 2008 年 8 月，流动沙丘土壤平均含水量分别上升至 4.87% 和 5.25%）；而半固定沙丘、固定沙丘沙丘由于植被的缓冲作用土壤水分变化相对平稳，并且固定沙丘（纯蒿）较半固定沙丘的变化趋势更为缓和：2007 年 5 月固定沙丘（纯蒿）平均含水量 3.61%，半固定沙丘平均含水量 3.85%；2008 年 8 月固定沙丘（纯蒿）平均含水量 3.38%，半固定沙丘平均含水量 3.58%。

2 土壤水分的空间分布规律

2.1 沙丘土壤水分总体特征

在2007年、2008年植被生长季，流动沙丘、半固定沙丘、固定沙丘（纯蒿）、固定沙丘（柳蒿混生）土壤水分平均含水量结果见图6.3。沙丘土壤含水量两年监测结果显示：流动沙丘没有植被蒸腾消耗作用，沙丘土壤含水量（2007年与2008年分别为3.65%、3.44%）高于半固定沙丘、固定沙丘土壤含水量；半固定沙丘、固定沙丘土壤水分含量趋势为：半固定沙丘＞固定沙丘（纯蒿）＞固定沙丘（柳蒿混生），2007年三种沙丘土壤水分含量为3.57%、3.18%、3.17%；2008年为：3.15%、3.10%、2.79%。

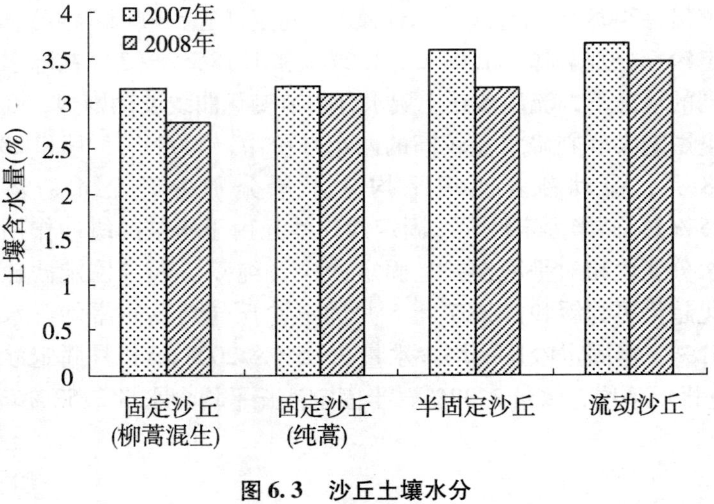

图6.3 沙丘土壤水分

Fig. 6.3 The soil water content of the area on moving dune and dune covered by vegetation

2.2　沙丘土壤水分的垂直分布

2007 年、2008 年植被生长季，对流动沙丘、半固定沙丘、固定沙丘土壤水分各层平均含水量（图 6.4）。观测统计结果与张进虎等人研究结果一致，土壤水分垂直分布可以分为三个层次：（1）土壤水分速变层。该层位于土壤浅表层，与大气直接相连，受天气条件影响较大，是土壤与大气水汽剧烈交换的媒介，因此不仅土壤含水量变化范围较大，而且变化十分迅速，在雨季可能高于饱和含水量，而在旱季有可能低于植物萎蔫含水量，一般在 0—20cm。（2）土壤水分活跃层。该层由于受到土壤水分变速层的阻隔，土壤含水量受天气影响较小，但是土壤水分受植被根系活动影响较大，土壤含水量变化幅度仍然比较大，其厚度与植物根系的分布密切相关，一般在 40—130cm。（3）土壤水分相对稳定层。该层一般在 130cm 以下，基本上不受天气因素的影响，该层的特点是土壤含水量比较稳定[212]。

流动沙丘上没有植被根系吸收水分，土壤水分变化主要受降水、土壤入渗、土壤蒸发三方面决定，其垂直分布规律基本呈单峰曲线，表层 0—20cm 土壤含水量迅速上升（2007 年从 2.37% 升至 3.15%、2008 年从 2.16% 上升至 3.12%），从 20cm 开始上升相对平缓，到 80cm 时达到最大值（2007 年、2008 年分别达 4.29%、3.91%），然后平缓下降，从 80—200cm 两年均保持在 3.6%—3.8% 之间。

半固定沙丘、固定沙丘沙丘土壤水分含量不仅受降水、土壤入渗、土壤蒸发的三方面影响，植被根系分布同时也决定着它的垂直动态。与流动沙丘相同，半固定沙丘、固定沙丘三种沙丘从表层 0—20cm 土层含水量上升，并且土壤含水量的最大值基本都在 80cm 附近，但由于植被根系对土壤水分的吸收，在 40—130cm 之间总会出现土壤含水量相对偏低的层面，使土壤含水量曲线起伏波动，此层面极有可能就是植物根系密集的地方，半固定沙丘在40—60cm处，固定沙丘（纯蒿）在40—80cm处，固定沙丘（柳蒿混生）在60—130cm处。

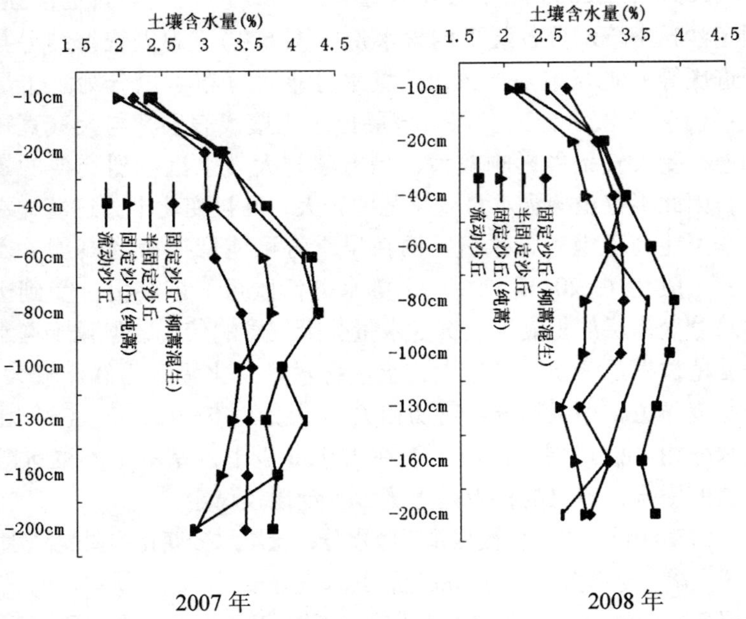

图6.4　沙丘各层土壤水分垂直分布

Fig. 6.4　The vertical distribution of soil water content in different layers of dunes

2.3　沙丘不同地貌部位土壤水分动态

沙丘土壤水分随着地貌部位条件下不同而变化，受沙丘迎风坡和丘顶基质流动、背风坡沙埋、沙压和丘间低地潜水埋深，还有大气降水、地形坡度、径流运动、土壤渗透性、太阳辐射强度、气流与风力速度等影响水分运转与蒸散的多因素制约[124]，但主要因素还是大气降水与植被吸收。

图6.5（2007年从4月26日作为测定土壤水分的第一天，2008年从4月24日作为测定土壤水分的第一天，每间隔15天测定一次）显示：流动沙丘迎风坡、丘顶、背风坡、丘间低地不同地貌部位土壤水分受降水量影响很大，降水量大的年份土壤含水量也大（2007年>2008年），同一年份中降雨集中的时段土壤含水量上升；四个地貌部位土壤含水量从小到大依次为背风坡<丘顶<迎风坡<丘间低地，2007年四个地貌部位的平均值分别为2.84%、3.63%、3.65%、17.00%，2008年平均值分别为2.41%、3.21%、3.44%、17.03%。相对于迎风坡、丘顶和背风坡而言，丘间低地土壤含水量明显较高，这是因为丘间低地地势低洼，水分在土壤表面停留和保持，可有效增加水分入渗时间，并且能够得到地下水的补给，从而影响土壤水分分布[311]；日照蒸发是影响背风坡、丘顶和迎风坡土壤含水量的主要因素，实验区的主导风向为西北风，迎风坡面向西北，即阴坡，背风坡面向东南，即阳坡，阳坡的日照土壤蒸发量大于阴坡，因此土壤含水量顺序为背风坡<丘顶<迎风坡。

图6.6—图6.8（2007年从4月26日作为测定土壤水分的第一天，2008年从4月24日作为测定土壤水分的第一天，每间隔15天测定一次）显示：固定沙丘、半固定沙丘三种沙丘类型的迎风坡、丘顶、背风坡、丘间低地不同地貌部位的土壤水分受降水量和植被的共同影响，降水量大的年份土壤含水量也大（2007年>2008年），同一年中沙丘四种地貌部位土壤含水量从小到大依次为背风坡<迎风坡<丘顶<丘间低地，2007年四种地貌部位的平均值分别为3.29%、3.31%、3.36%、8.13%，2008年平均值分别为2.90%、3.02%、3.08%、7.68%；与流动沙丘相似，固定沙丘、半固定沙丘丘间低地土壤含水量高于其

他地貌部位，同样是因为丘间低地地势低洼，又可以得到地下水的补给，从而影响土壤水分分布[311]，背风坡由于日照蒸发强烈，土壤水分最小；但是对迎风坡和丘顶来说，植被盖度是影响土壤含水量的主要因素，迎风坡植被盖度大，植物消耗土壤水分相对多，因此固定沙丘、半固定沙丘迎风坡和丘顶土壤水分与流动沙丘相反，表现为丘顶＞迎风坡。

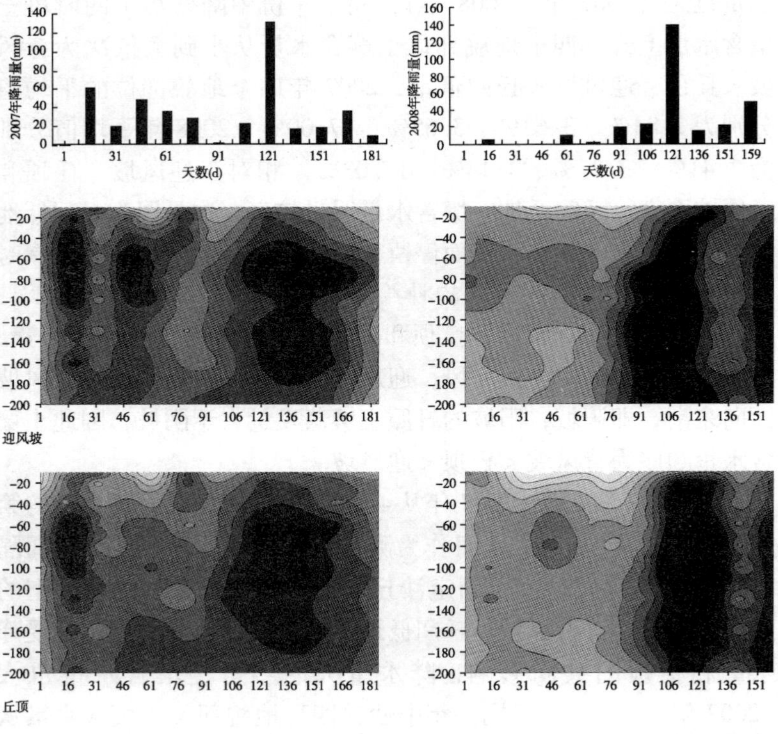

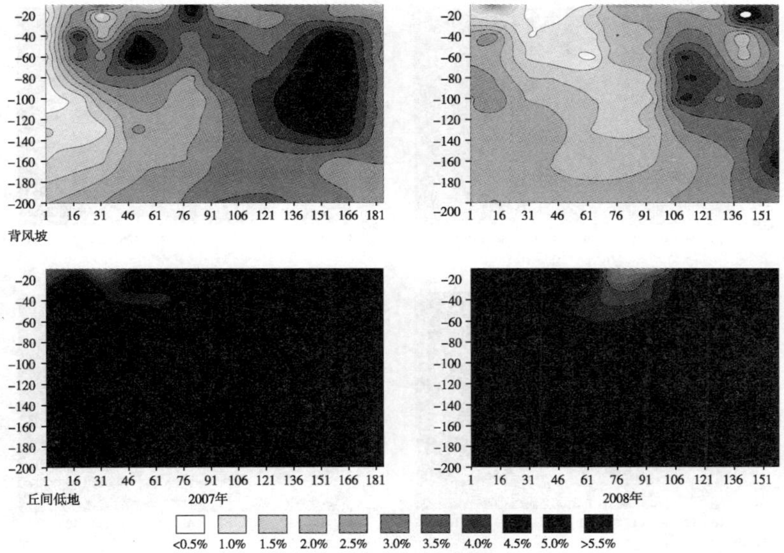

图 6.5　降雨和流动沙丘各地貌部位土壤水分分布

Fig. 6.5　The distribution of soil water contented in different microrelief of moving dune

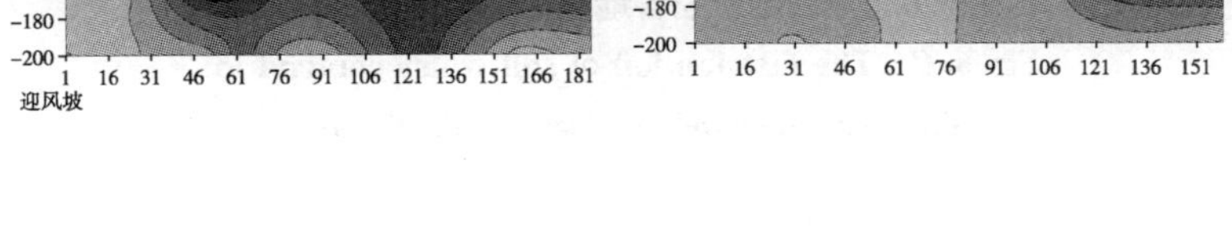

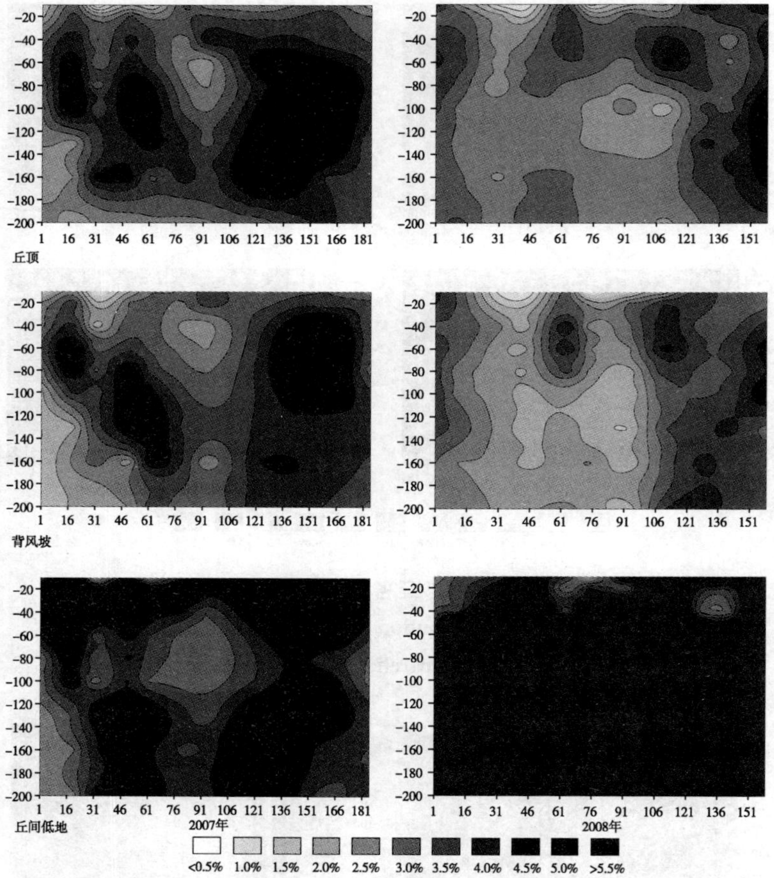

图 6.6　半固定沙丘各地貌部位土壤水分分布

Fig. 6.6　The distribution of soil water contend in different microrelief of semi - fixed dune

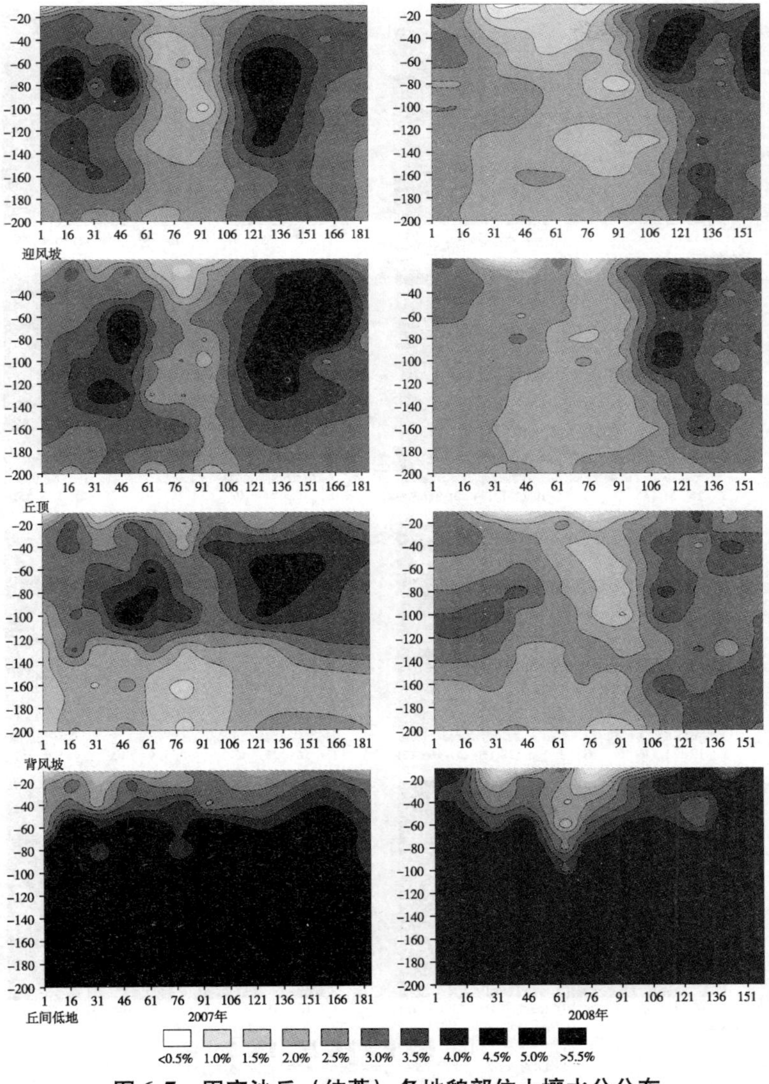

图 6.7　固定沙丘（纯蒿）各地貌部位土壤水分分布

Fig. 6.7　The distribution of soil water contented in different microrelief of dune covered/fixed by Artemisia ordosica

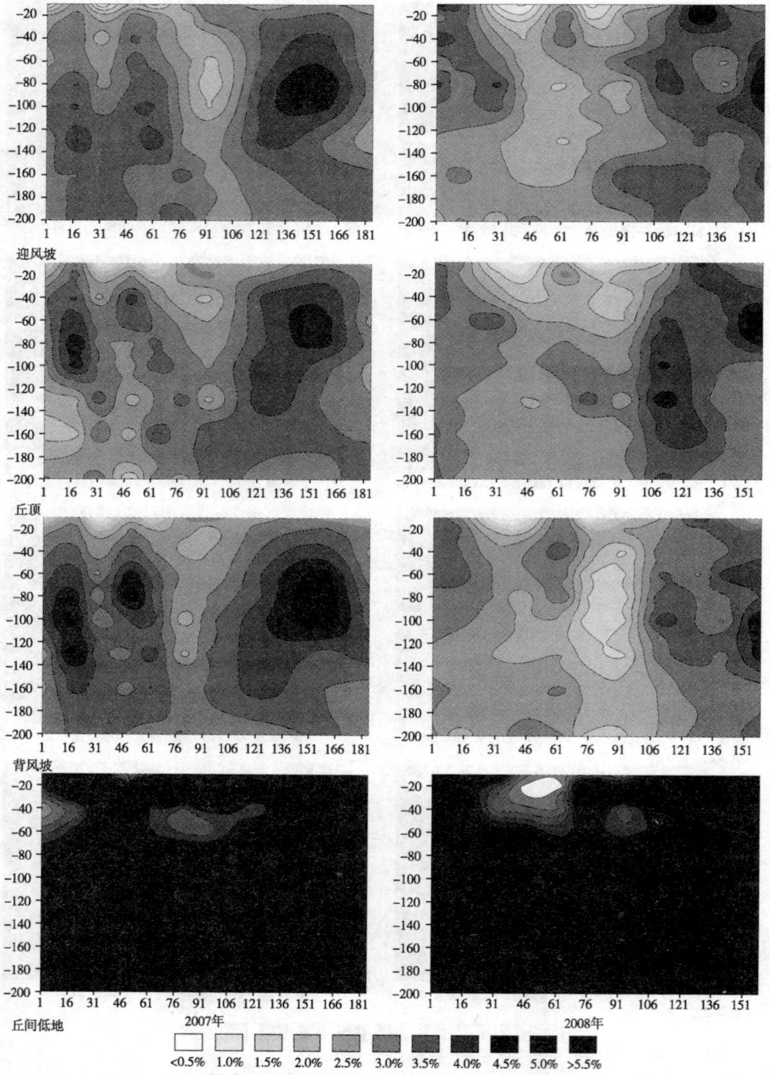

图 6.8 固定沙丘（柳蒿混生）各地貌部位土壤水分分布

Fig. 6.8 The distribution of soil water contented in different microrelief of dune covered/fixed by Salix psammophila and Artemisia ordosica

3 沙丘土壤水分与治沙植被恢复可行性分析

研究区沙丘土壤含水量时间波动分为四个阶段：春季积累期、水分消耗期、秋季积累期、稳定期；流动沙丘土壤平均含水量情况受降水量影响较大，表现为秋季积累期>春季积累期>消耗期>稳定期，而固定沙丘、半固定沙丘土壤平均含水量情况受降水量和植被双重影响，表现为：秋季积累期>春季积累期>稳定期>水分消耗期。该区春季沙丘土壤水分上升，对植被萌发有益，夏季虽然地表蒸散量加大，但降雨集中，沙丘土壤水分含量也增加，有利于植被的生长发育，从研究区沙丘土壤水分季节分布规律来看，有利于植被重建恢复工作的开展。

研究区沙丘土壤含水量空间分布趋势表现为：（1）流动沙丘>半固定沙丘>固定沙丘（纯蒿）>固定沙丘（柳蒿混生），流动沙丘由于干沙层的阻隔，可以有效保存大气降雨，土壤含水量最高时可达到5.25%，满足油蒿和沙柳生长的土壤含水量(3%—6%)，因此可以采用油蒿和沙柳对其进行植被恢复工作。(2）沙丘土壤水分垂直变化可分为：土壤水分速变层、土壤水分活跃层和土壤水分相对稳定层三个层次[184]，流动沙丘的三个层次分布0—20cm，20—80cm和80—200cm处，在油蒿和沙柳主根系分布区1—2m范围内土壤水分稳定，均大于3.5%，有利于这两种灌木植物的生长；固定沙丘、半固定沙丘由于植物根系的影响土壤水分活跃层跨度加大，从20—130cm，超过130cm以下的土壤层含水量才趋于稳定。（3）从地貌部位看，流动沙丘土壤含水量表现为背风坡<丘顶<迎风坡<丘间低地，而固定沙丘、半固定沙丘三种沙丘类型表现为背风坡<迎风坡<丘顶<丘间低地，可能与植被覆盖度分布相关。背风坡土壤含水量相对较

低，2008 年 5—7 月底，流动沙丘背风坡土壤含水量都在 1.31%—1.84%之间，接近植物凋萎系数 1.74%，因此不宜在其上进行植被恢复工作，丘间低地由于受到地下水的影响，土壤水分含量很高，在 17%左右，因此对丘间低地的植被恢复密度设计几乎不受土壤水分的影响。

城镇防沙植被的恢复与重建工作，应该在考虑当地土壤水分条件的前提下，尽量多配置可产生较大防护距离和经济效益的植物种，同时兼顾城镇景观美化的原则。达布察克镇周边的沙丘土壤水分条件适于沙柳的生长；并且沙柳植株平均高度在 2.0—2.5m 左右，防护距离可达 10—15m，能有效阻截城镇周边 20—30km 范围外的沙尘，对降低城镇内部风沙灾害程度效果较好；其次沙柳也是柳编、造纸、发电等产业的原材料，具有较高的经济价值；再次，在城镇周边治沙植被中配置沙柳既能够满足防沙治沙工程中植物高低搭配的原则，又能美化城镇周边景观；所以在嘎鲁图镇周边的防沙治沙植被中可以考虑多配置沙柳。

第七章　自然环境中优势植物气体交换生理特征

植物总是生活在一定的环境中，并且与外界环境之间经常不断地进行着能量和物质交换，通过光合作用将光能转化为化学能，为生长积累物质，由于影响光合作用的主要环境因子——光照、温度、湿度和大气 CO_2 浓度等在一天中呈现出明显的日变化，因此光合作用也呈现出各种日变化规律研究光合作用的日变化特性，是研究植物生命特征和生物生产力的基础，也是了解植物能量循环与利用等功能过程的基础，对分析植物的生长状态、光合生产力和产量形成有一定的理论和实践意义，也能进一步了解环境因子对植物生长的影响，为植被的恢复和建设提供一定的依据。

植物的蒸腾作用是植物生理特性的主要指标之一，也是水分需求的重要指标，它指植物根系从土壤中吸收的水分通过植物内部运输，最后到达植物冠层叶片，由叶面的气孔扩散到大气的过程。它与植物对养分的吸收与运输、植物冠层能量平衡、维持稳定的叶温、叶片气孔调节和 CO_2 固定等生理生态过程紧密联系在一起。因此，植物蒸腾作用的研究对了解植物生态系统的水分平衡、能量流动和光合生产力等生态功能过程有着重要作用。植被蒸腾速率随天气状况、叶面积大小和土壤水分等因素的变化而变化，在一定程度上也反映了植物调节水分损失和对环境胁迫的适应能力。

1　五种灌木植物净光合速率、蒸腾速率日变化

1.1　沙柳净光合速率、蒸腾速率日变化

叶片净光合速率的日变化，反映出一天中光合作用的时间持续能力[312]。自然条件下生长的沙柳的叶片净光合速率呈现单峰变化特征（图7.1），从7：00开始迅速升高，9：00达到峰值，净光合速率升高幅度10.19μmol·m^{-2}·s^{-1}，9：00—15：00净光合速率缓慢下降，下降幅度不超过2.12μmol·m^{-2}·s^{-1}，从15：00以后沙柳净光合速率下降幅度增大（4.52μmol·m^{-2}·s^{-1}），到19：00降到最低。从沙柳净光合速率日变化进程来看，日变化曲线呈单峰，从早上9：00—15：00长时间维持较强的光合作用能力，说明自然条件下生长的沙柳生长状况良好，没有表现出干旱胁迫的光合生理特征。

自然条件下生长的沙柳蒸腾速率日变化曲线如图7.2，从7：00—15：00变化不大，基本保持在4.41—5.20mmol·m^{-2}·s^{-1}之间，只在9：00时有一个微峰，达到5.20mmol·m^{-2}·s^{-1}，从15：00以后蒸腾速率下降。说明自然条件下生长的沙柳在7：00—15：00一直保持较高的蒸腾作用，没有表现出干旱胁迫的特征。

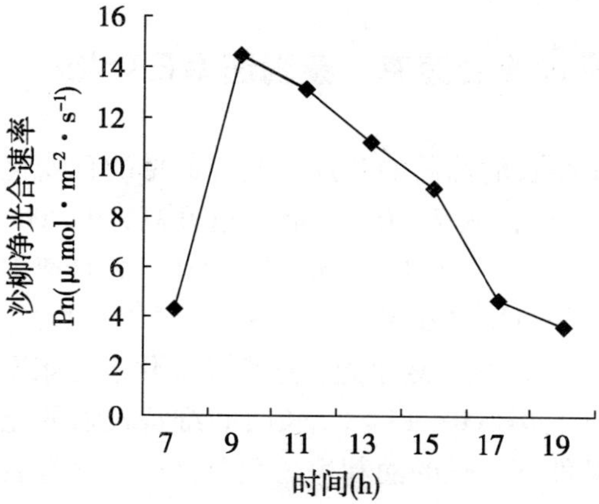

图 7.1 自然条件下沙柳净光合速率日变化

Fig. 7.1 Daily changes variation of net photosynthetic rate under natural conditions of Salix psammophila

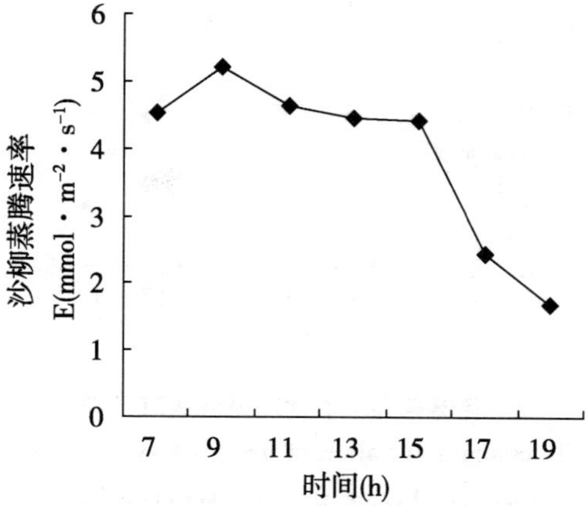

图 7.2 自然环境中沙柳蒸腾速率日变化

Fig. 7.2 Daily changes variation of net transpiration rate under natural conditions of Salix psammophila

1.2 油蒿净光合速率、蒸腾速率日变化

自然条件下生长的油蒿的叶片净光合速率的日变化呈现单峰变化特征（图7.3），从7：00开始迅速升高，9：00达到峰值11.72μmol·m^{-2}·s^{-1}，并且9：00—13：00净光合速率一直维持在较高水平10.48—11.72μmol·m^{-2}·s^{-1}，15：00以后逐渐下降，到19：00降到最低。从油蒿净光合速率日变化进程来看，日变化曲线呈单峰，早上9：00—13：00长时间维持较强的光合作用能力，说明自然条件下生长的油蒿生长状况良好，没有表现出干旱胁迫的光合生理特征。

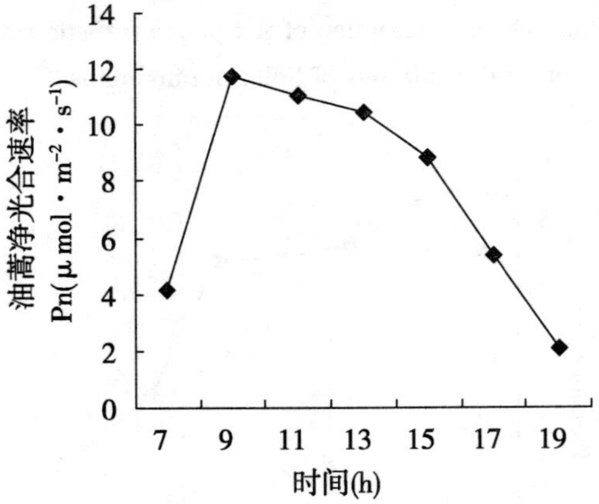

图7.3 自然条件下油蒿净光合速率日变化

Fig. 7.3 Daily changes variation of net photosynthetic rate under natural conditions of Artemisia ordosica

自然条件下生长的油蒿蒸腾速率日变化曲线呈单峰（图7.4），从7：00开始上升，峰值出现在15：00达到11.41

mmol · m $^{-2}$ · s $^{-1}$，在15：00以后蒸腾速率下降，蒸腾速率日平均值达到8.41mmol · m $^{-2}$ · s $^{-1}$。说明自然条件下生长的油蒿蒸腾作用旺盛，没有表现出干旱胁迫的特征。

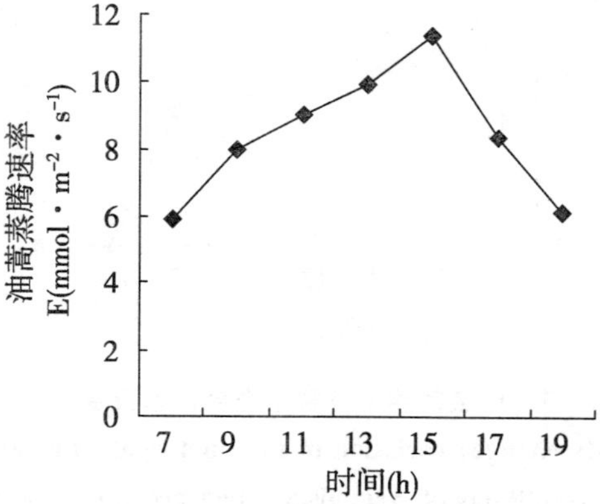

图7.4　自然环境中油蒿蒸腾速率日变化

Fig. 7.4　Daily changes variation of net transpiration rate under natural conditions of Artemisia ordosica

1.3　籽蒿净光合速率、蒸腾速率日变化

自然条件下生长的籽蒿的叶片净光合速率日变化趋势和油蒿相近，也呈现单峰变化特征（图7.5），从7：00开始迅速升高，11：00达到峰值13.06μmol · m $^{-2}$ · s $^{-1}$，并且9：00—13：00净光合速率一直维持在较高水平12.34—13.06μmol · m $^{-2}$ · s $^{-1}$，15：00以后逐渐下降，到19：00降到最低。从籽蒿净光合速率日变化进程来看，日变化曲线呈单峰，从早上9：00—13：00长时间维持较强的光合作用能力，说明自然条件下生长的籽蒿生长状况良好，没有表现出干旱胁迫的光合生理特征。

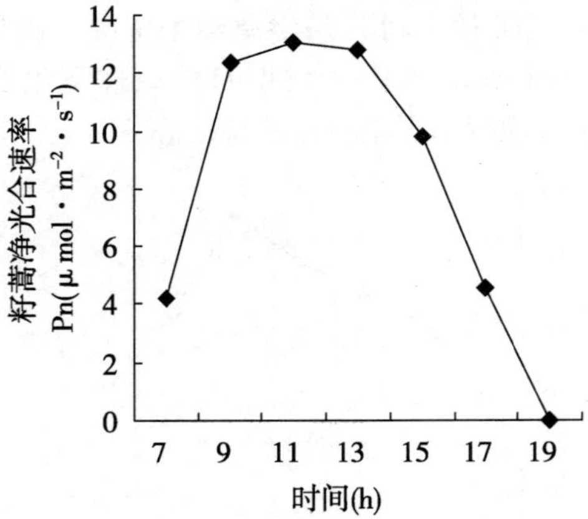

图 7.5　自然条件下籽蒿净光合速率日变化

Fig. 7.5　Daily changes variation of net photosynthetic rate under natural conditions of Artemisia sphaerocephala krasch

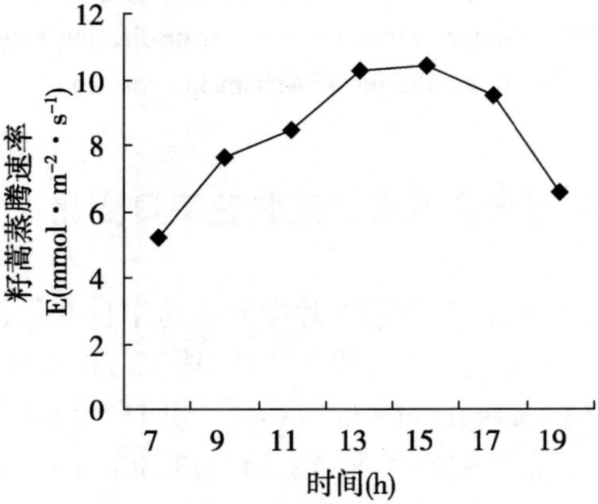

图 7.6　自然环境中籽蒿蒸腾速率日变化

Fig. 7.6　Daily changes variation of net transpiration rate under natural conditions of Artemisia sphaerocephala krasch

自然条件下生长的籽蒿蒸腾速率日变化曲线呈单峰（图7.6），从7：00开始上升，13：00—15：00都保持较高值，在10.40—10.25mmol·m^{-2}·s^{-1}之间，15：00以后蒸腾速率下降，蒸腾速率日平均值达到8.29mmol·m^{-2}·s^{-1}。说明自然条件下生长的籽蒿蒸腾作用旺盛，没有表现出干旱胁迫的特征。

1.4　杨柴净光合速率、蒸腾速率日变化

自然条件下生长的杨柴的叶片净光合速率呈现单峰变化特征（图7.7），从7：00开始迅速升高，9：00达到峰值，净光合速率升高幅度6.97μmol·m^{-2}·s^{-1}，9：00—13：00净光合速率缓慢下降，下降幅度不超过1.84μmol·m^{-2}·s^{-1}，15：00以后杨柴净光合速率下降幅度增大（3.86μmol·m^{-2}·s^{-1}），到19：00降到最低。从杨柴净光合速率日变化进程来看，日变化曲线呈单峰，早上9：00—13：00没有出现大幅下降，维持稳定的光合作用能力，说明自然条件下生长的杨柴生长状况良好，没有表现出干旱胁迫的光合生理特征。

自然条件下生长的杨柴蒸腾速率日变化曲线呈单峰（图7.8），峰值出现在9：00时，达到9.49mmol·m^{-2}·s^{-1}，11：00—15：00变化不大，基本保持在7.14—7.82mmol·m^{-2}·s^{-1}之间，15：00以后蒸腾速率下降。说明自然条件下生长的沙柳在7：00—15：00一直保持较高的蒸腾作用，没有表现出干旱胁迫的特征。

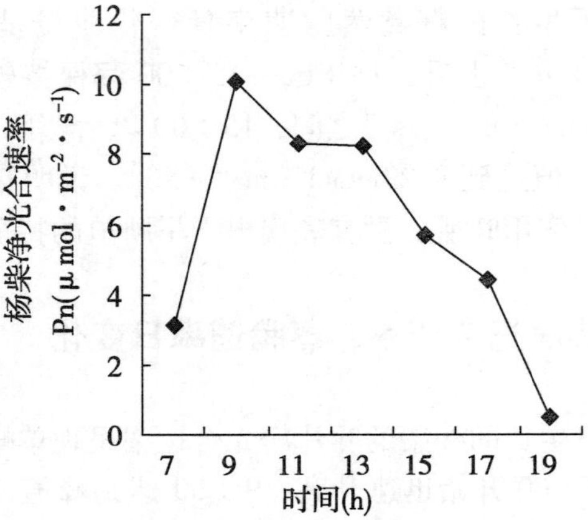

图 7.7　自然条件下杨柴净光合速率日变化

Fig. 7.7　Daily changes variation of net photosynthetic rate under natural conditions of Hedysarum leave Maxim in Bull. Act. Acad. Sci peteish

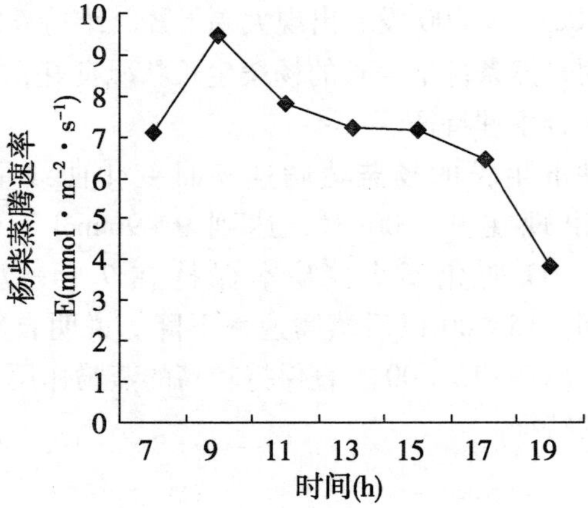

图 7.8　自然环境中杨柴蒸腾速率日变化

Fig. 7.8　Daily changes variation of net transpiration rate under natural conditions of Hedysarum leave Maxim in Bull. Act. Acad. Sci peteish

1.5　小叶锦鸡净光合速率、蒸腾速率日变化

自然条件下生长的小叶锦鸡的叶片净光合速率同样呈现单峰变化特征（图7.9），从7：00开始迅速升高，9：00达到峰值，净光合速率为10.70μmol·m^{-2}·s^{-1}，9：00以后净光合速率缓慢下降。从小叶锦鸡净光合速率日变化进程来看，日变化曲线呈单峰，9：00—13：00没有出现大幅下降（13：00时净光合速率仍为8.14μmol·m^{-2}·s^{-1}），而是维持稳定的光合作用能力，说明自然条件下生长的小叶锦鸡生长状况良好，没有表现出干旱胁迫的光合生理特征。

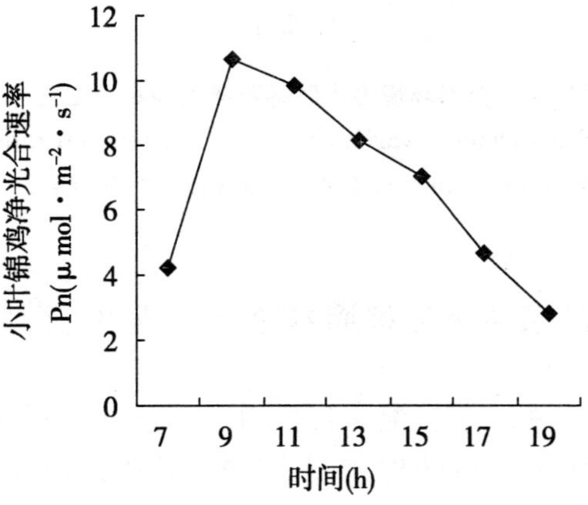

图7.9　自然条件下小叶锦鸡净光合速率日变化

Fig. 7.9　Daily changes variation of net photosynthetic rate under natural conditions of Caragana microphylia Lam

小叶锦鸡蒸腾速率日变化曲线呈单峰（图7.10），峰值出现在9：00时，达到7.88mmol·m^{-2}·s^{-1}，11：00—17：00变化不大，基本保持在5.03—5.58mmol·m^{-2}·s^{-1}之间，17：00以后

蒸腾速率下降。说明自然条件下生长的沙柳在7：00—17：00一直保持较高的蒸腾作用，也没有表现出干旱胁迫的特征。

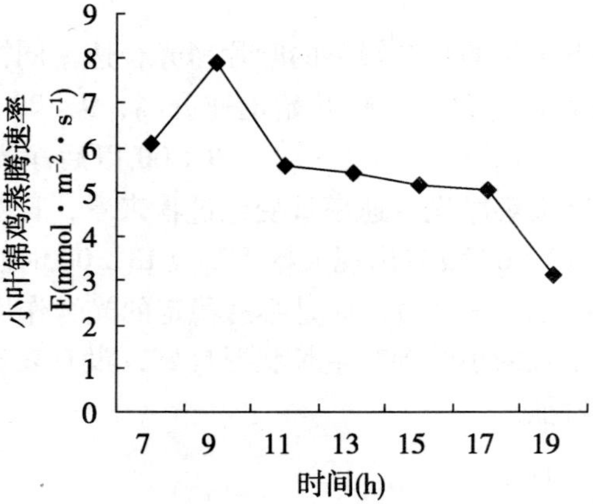

图7.10　自然环境中小叶锦鸡蒸腾速率日变化

Fig. 7.10　Daily changes variation of net transpiration rate under natural conditions of Caragana microphylia Lam

1.6　自然条件下五种灌木净光合速率与蒸腾速率

由图7.11可知，五种灌木日平均净光合速率大小顺序为沙柳>籽蒿>油蒿>小叶锦鸡>杨柴，其中，沙柳最大，为8.59μmol·m^{-2}·s^{-1}，而杨柴最小，为5.76μmol·m^{-2}·s^{-1}；日平均蒸腾速率大小顺序为油蒿>籽蒿>杨柴>小叶锦鸡>沙柳（图7.12），油蒿最大，为8.41mmol·m^{-2}·s^{-1}，沙柳最小，为3.91mmol·m^{-2}·s^{-1}，其原因可能与物种本身的生物学特性有关，还可能与物种在光化学生理和结构对环境的适应能力有关。

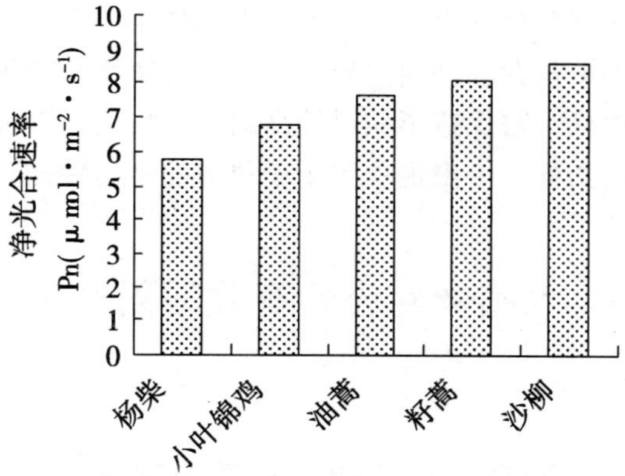

图 7. 11　五种灌木植物净光合速率日平均值

Fig. 7. 11　Daily changes variation of net photosynthetic rate under natural conditions of Five species of shrubs plants

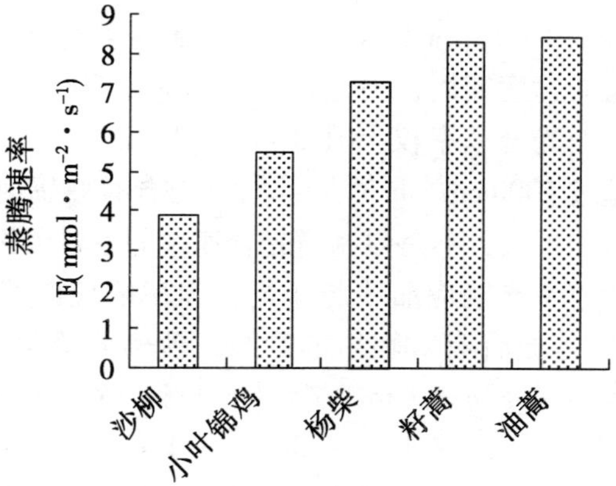

图 7. 12　五种灌木植物蒸腾速率日平均值

Fig. 7. 12　Daily changes variation of net transpiration rate under natural conditions of Five species of shrubs plants

在野外自然条件下生长的这五种灌木植物，净光合速率与蒸腾速率日平均值虽存在种间差异，但净光合速率与蒸腾速率日变化曲线都呈单峰，都保持了相对较高的日平均值，表现出良好的生理生态生长指标，未出现受到干旱胁迫的生理特征。

2 五种灌木植物对光合有效辐射升高的响应

2.1 沙柳对光合有效辐射升高的响应

随着光合有效辐射的升高，沙柳的净光合速率增大（图7.13），刚开始增长较快，当光合有效辐射从50mol·m^{-2}·s^{-1}上升到1000mol·m^{-2}·s^{-1}时，其净光合速率从0.72μmol·m^{-2}·s^{-1}上升到16.43μmol·m^{-2}·s^{-1}，随后净光合速率随光合有效辐射增长的速度变缓，当光合有效辐射从1000—2000mol·m^{-2}·s^{-1}时，净光合速率仅上升0.88μmol·m^{-2}·s^{-1}，说明光合有效辐射超过1000mol·m^{-2}·s^{-1}时，光合有效辐射对沙柳净光合速率的影响不大，不是限制净光合速率的主要因素。

沙柳蒸腾速率光响应曲线与净光合速率响应曲线趋势相同（图7.14），随着光合有效辐射的升高，沙柳的蒸腾速率增大，当光合有效辐射从50mol·m^{-2}·s^{-1}上升到400mol·m^{-2}·s^{-1}时，其蒸腾速率增长较快，从5.80mmol·m^{-2}·s^{-1}上升到7.92mmol·m^{-2}·s^{-1}，随后光合有效辐射增长，蒸腾速率几乎不变，当光合有效辐射在400—2000mol·m^{-2}·s^{-1}时，蒸腾速率仅上升0.51mmol·m^{-2}·s^{-1}，说明光合有效辐射超过400mol·m^{-2}·s^{-1}时，光合有效辐射对沙柳蒸腾速率的影响不大。

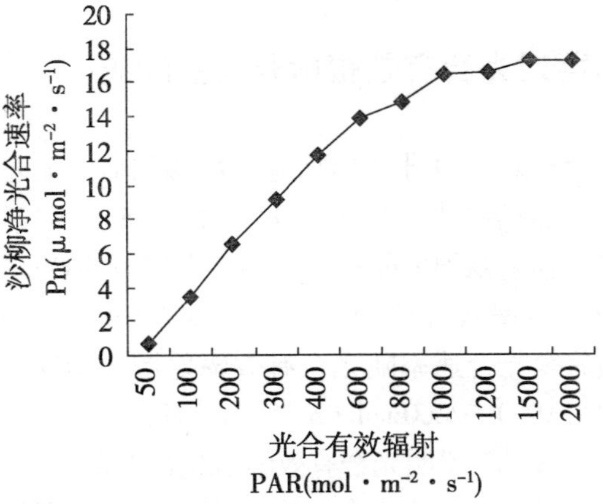

图 7.13 沙柳净光合速率光响应曲线

Fig. 7.13 NET photosynthetic rate of Salix psammophila light response curve

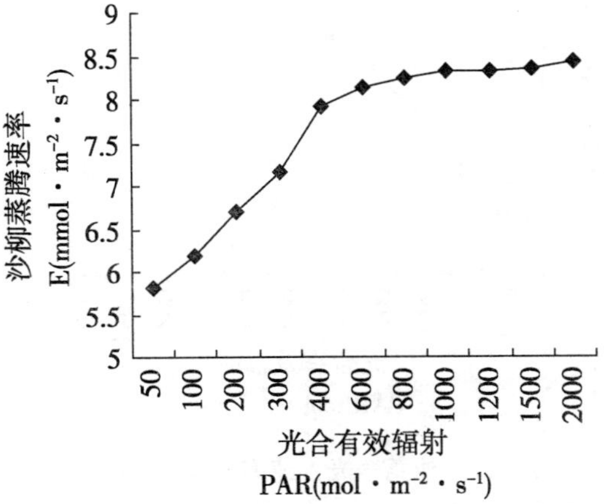

图 7.14 沙柳蒸腾速率光响应曲线

Fig. 7.14 Tanspiration rate of Salix psammophila light response curve

2.2 油蒿对光合有效辐射升高的响应

油蒿对光合有效辐射升高的响应与沙柳相似，随着光合有效辐射的升高，油蒿的净光合速率增大（图7.15），刚开始增长较快，当光合有效辐射从50mol·m^{-2}·s^{-1}上升到1000mol·m^{-2}·s^{-1}时，其净光合速率从3.12μmol·m^{-2}·s^{-1}上升到15.05 μmol·m^{-2}·s^{-1}，随后净光合速率随光合有效辐射增长的速度变缓，当光合有效辐射在1000—2000mol·m^{-2}·s^{-1}时，净光合速率仅上升0.35μmol·m^{-2}·s^{-1}，说明光合有效辐射超过1000mol·m^{-2}·s^{-1}时，光合有效辐射对油蒿净光合速率的影响不大，不是限制净光合速率的主要因素。

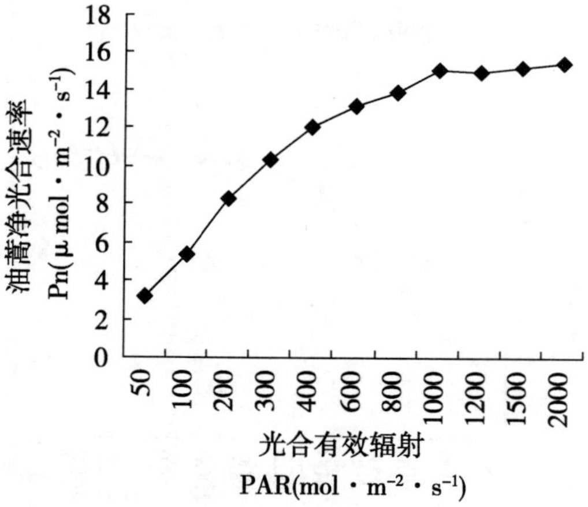

图7.15 油蒿净光合速率光响应曲线

Fig. 7.15 NET photosynthetic rate of Artemisia ordosica light response curve

随着光合有效辐射的升高，油蒿的蒸腾速率增大（图

7.16)，当光合有效辐射从 50mol · m^{-2} · s^{-1} 上升到 400mol · m^{-2} · s^{-1}时，其蒸腾速率增长较快，从 3.32mmol · m^{-2} · s^{-1} 上升到 5.17mmol · m^{-2} · s^{-1}，随后光合有效辐射增长，蒸腾速率几乎不变，当光合有效辐射在 400—2000mol · m^{-2} · s^{-1}时，蒸腾速率仅上升 0.38mmol · m^{-2} · s^{-1}，说明光合有效辐射超过 400mol · m^{-2} · s^{-1}时，光合有效辐射对油蒿蒸腾速率的影响不大。

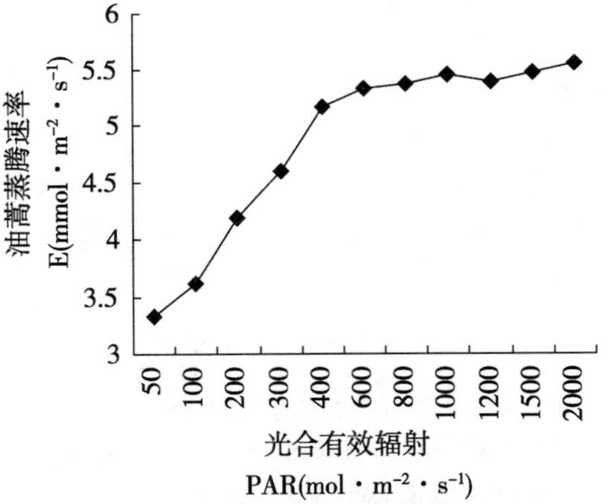

图 7.16　油蒿蒸腾速率光响应曲线

Fig. 7.16　Tanspiration rate of Artemisia ordosicalight response curve

2.3　籽蒿对光合有效辐射升高的响应

籽蒿对光合有效辐射升高的响应与油蒿相似，随着光合有效辐射的升高，籽蒿的净光合速率增大（图 7.17），净光合速率增长的拐点仍然出现在 1000mol · m^{-2} · s^{-1}时，此时净光合速率达到 23.12μmol · m^{-2} · s^{-1}，随后净光合速率随光合有效辐射增长的速度变缓，当光合有效辐射在 1000—2000mol · m^{-2} · s^{-1}时，净光合速率仅上升 1.85μmol · m^{-2} · s^{-1}，同样说明光合有效辐射超过 1000mol · m^{-2} · s^{-1}时，光合有效辐射不是限制籽蒿生长净光合速率的主要因素。

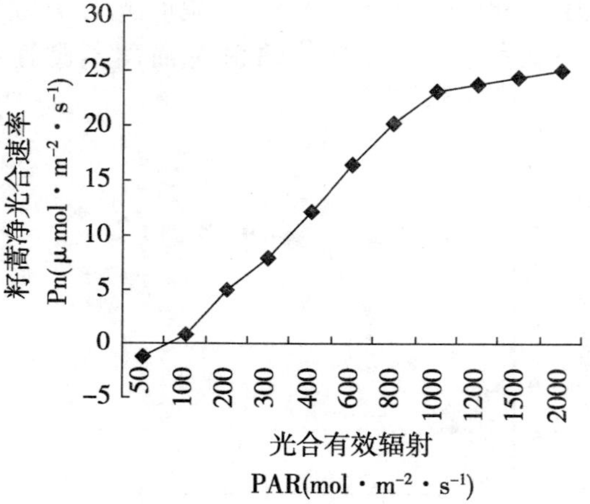

图 7.17 籽蒿净光合速率光响应曲线

Fig. 7.17 NET photosynthetic rate of Artemisia sphaerocephala krasch light response curve

随着光合有效辐射的升高，籽蒿的蒸腾速率增大（图 7.18），蒸腾速率增长的拐点同样出现在 400mol · m^{-2} · s^{-1}时，其蒸腾速率达 4.46mmol · m^{-2} · s^{-1}，随后光合有效辐射增长，蒸腾速率几乎不变，当光合有效辐射在 400—2000mol · m^{-2} · s^{-1}时，蒸腾速率仅上升 0.47mmol · m^{-2} · s^{-1}，说明光合有效辐射超过 400mol · m^{-2} · s^{-1}时，光合有效辐射对籽蒿蒸腾速率的影响不大。

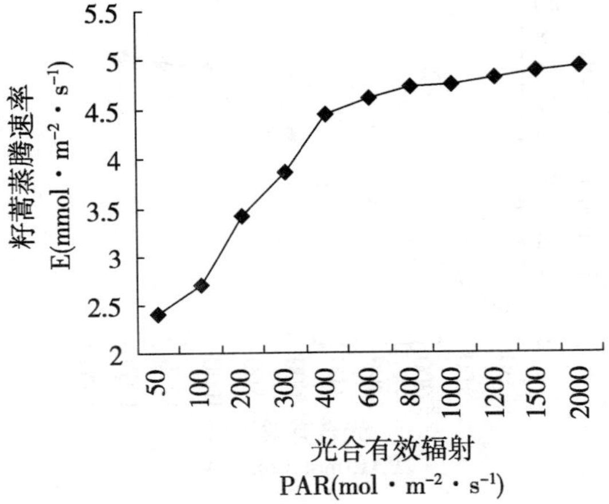

图 7.18　籽蒿蒸腾速率光响应曲线

Fig. 7.18　Tanspiration rate of Artemisia sphaerocephala krasch light response curve

2.4　杨柴对光合有效辐射升高的响应

杨柴的净光合速率随着光合有效辐射的升高而增大（图 7.19），净光合速率增长的拐点仍然出现在 1000mol · m^{-2} · s^{-1} 时，此时净光合速率达到 16.22μmol · m^{-2} · s^{-1}，随后净光合速率随光合有效辐射增长的速度变缓，当光合有效辐射在 1000—2000mol · m^{-2} · s^{-1}时，净光合速率上升 1.85μmol · m^{-2} · s^{-1}，同样说明光合有效辐射超过 1000mol · m^{-2} · s^{-1}时，光合有效辐射不是限制杨柴生长净光合速率的主要因素。

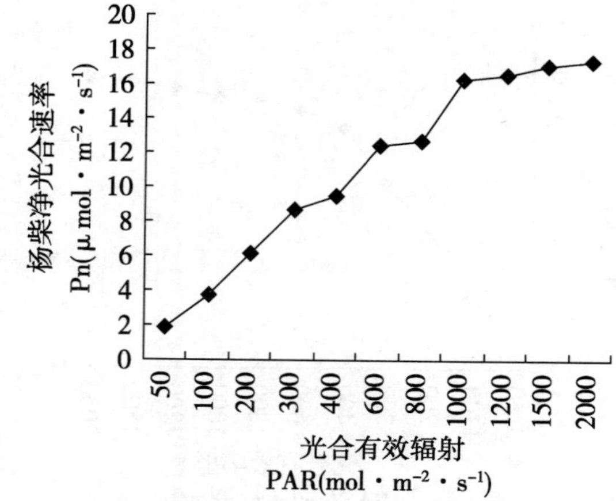

图 7.19　杨柴净光合速率光响应曲线

Fig. 7.19　NET photosynthetic rate of Hedysarum leave Maxim in Bull. Act. Acad. Sci peteish light response curve

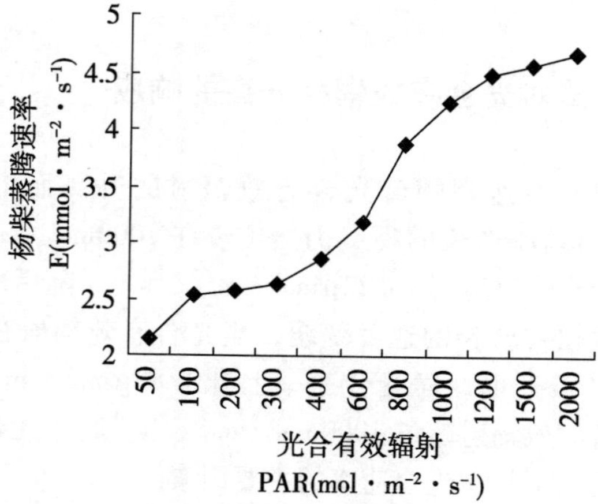

图 7.20　杨柴蒸腾速率光响应曲线

Fig. 7.20　Tanspiration rate of Hedysarum leave Maxim in Bull. Act. Acad. Sci peteish light response curve

随着光合有效辐射的升高，杨柴的蒸腾速率增大（图7.20），蒸腾速率增长的拐点出现在1000mol·m^{-2}·s^{-1}时，其蒸腾速率达4.26mmol·m^{-2}·s^{-1}，随后光合有效辐射增长，蒸腾速率几乎不变，当光合有效辐射在1000—2000mol·m^{-2}·s^{-1}时，蒸腾速率几乎保持不变，仅上升0.41mmol·m^{-2}·s^{-1}，说明光合有效辐射超过1000mol·m^{-2}·s^{-1}时，光合有效辐射对杨柴蒸腾速率的影响不大。

2.5　小叶锦鸡对光合有效辐射升高的响应

随着光合有效辐射的升高，小叶锦鸡的净光合速率增大（图7.21），净光合速率增长的拐点出现在1000mol·m^{-2}·s^{-1}时，此时净光合速率达到10.11μmol·m^{-2}·s^{-1}，随后净光合速率随光合有效辐射增长的速度变缓，当光合有效辐射在1000—2000mol·m^{-2}·s^{-1}时，净光合速率仅上升0.52μmol·m^{-2}·s^{-1}，说明光合有效辐射超过1000mol·m^{-2}·s^{-1}时，光合有效辐射对小叶锦鸡净光合速率的影响不大，不是限制净光合速率的主要因素。

如图7.22所示，当光合有效辐射在50—400mol·m^{-2}·s^{-1}时，随着光合有效辐射的升高，小叶锦鸡的蒸腾速率增大，从2.49mmol·m^{-2}·s^{-1}上升到3.57mmol·m^{-2}·s^{-1}，随后蒸腾速率上下微微起伏，当光合有效辐射超过400mol·m^{-2}·s^{-1}时，小叶锦鸡的蒸腾速率在3.38—3.54mmol·m^{-2}·s^{-1}之间波动，说明光合有效辐射超过400mol·m^{-2}·s^{-1}时，光合有效辐射对小叶锦鸡蒸腾速率的影响也不大。

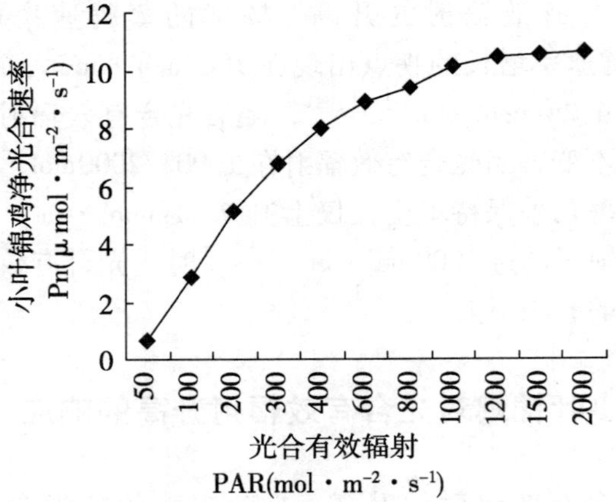

图 7.21 小叶锦鸡净光合速率光响应曲线

Fig. 7.21 NET photosynthetic rate of Salix psammophila light response curve

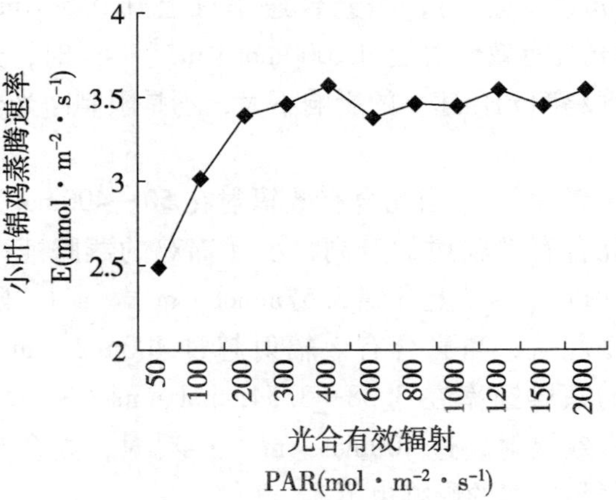

图 7.22 小叶锦鸡蒸腾速率光响应曲线

Fig. 7.22 Tanspiration rate of Salix psammophila light response curve

在野外自然条件下生长的这五种灌木植物，净光合速率与蒸腾速率随光合有效辐射变化的响应曲线存在种间差异；但随光合有效辐射的增加，五种灌木植物净光合速率与蒸腾速率都增大；光合有效辐射的增加对净光合速率的影响比对蒸腾速率的影响显著；五种灌木植物净光合速率增长的拐点都出现在光合有效辐射 $1000mol \cdot m^{-2} \cdot s^{-1}$时；除杨柴外，其余四种灌木植物蒸腾速率增长的拐点出现在光合有效辐射 $400mol \cdot m^{-2} \cdot s^{-1}$的时候。

3　五种灌木植物对 CO_2 浓度升高的响应

3.1　沙柳对 CO_2 浓度升高的响应

随着 CO_2 浓度的升高，沙柳净光合速率增大（图 7.23），当 CO_2 浓度为 $1000\mu mol \cdot mol^{-1}$时，其净光合速率为 $24.90\mu mol \cdot m^{-2} \cdot s^{-1}$，随后，当 CO_2 浓度超过 $1000\mu mol \cdot mol^{-1}$时，沙柳净光合速率上升较慢，表明沙柳净光合速率对 CO_2 浓度的提升在 $1000\mu mol \cdot mol^{-1}$以下时反应比较敏感，随着 CO_2 浓度的增加迅速上升，但随着 CO_2 浓度的进一步增加，其增长变缓。

沙柳的蒸腾速率随着 CO_2 浓度的升高先下降后上升，在 $800\mu mol \cdot mol^{-1}$左右时达到最低值，为 $7.39mmol \cdot m^{-2} \cdot s^{-1}$，然后随着 CO_2 浓度的上升缓慢增高，呈凹型变化（图 7.24）。

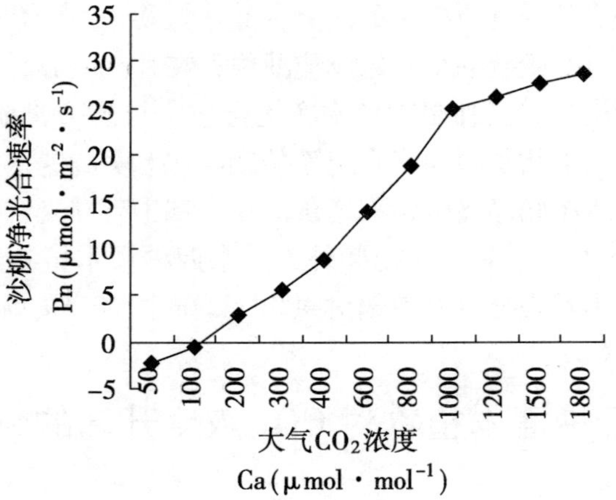

图 7.23 沙柳净光合速率 CO_2 响应曲线

Fig. 7.23 NET photosynthetic rate of Salix psammophila CO_2 response curve

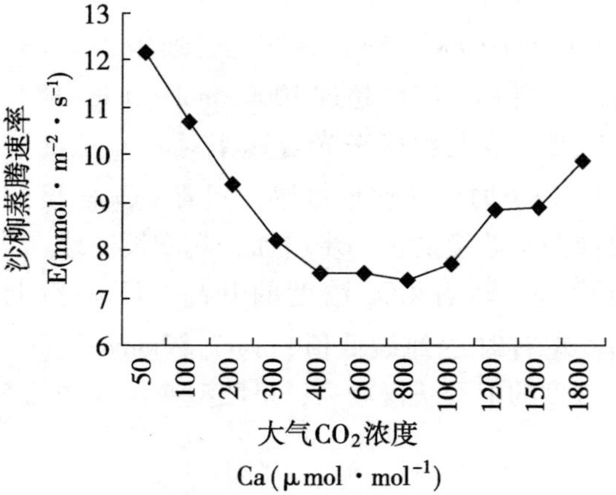

图 7.24 沙柳蒸腾速率 CO_2 响应曲线

Fig. 7.24 Tanspiration rate of Salix psammophila CO_2 response curve

3.2　油蒿对 CO_2 浓度升高的响应

随着 CO_2 浓度的升高，油蒿净光合速率同样增大（图 7.25），只是当 CO_2 浓度超过 1200μmol · mol^{-1}时（其净光合速率为 20.78μmol · m^{-2} · s^{-1}），油蒿净光合速率上升才变缓，表明油蒿净光合速率对 CO_2 浓度的提升在 1200μmol · mol^{-1}以下时反应比较敏感。

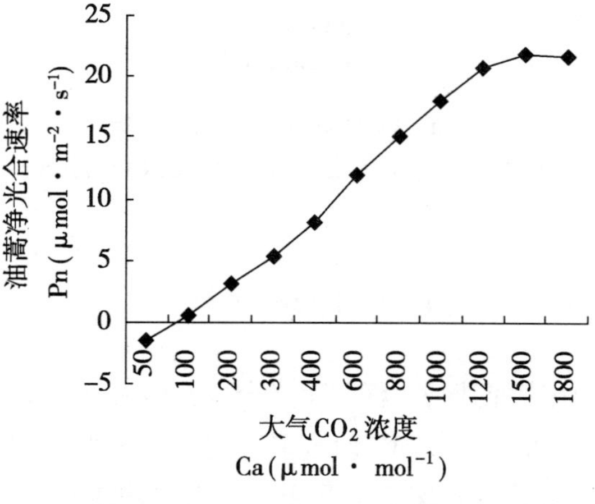

图 7.25　油蒿净光合速率 CO_2 响应曲线

Fig. 7.25　NET photosynthetic rate of Artemisia ordosica CO_2 response curve

油蒿的蒸腾速率随着 CO_2 浓度的升高先下降后上升，同样在 800μmol · mol^{-1}左右时达到最低值，为 8.07mmol · m^{-2} · s^{-1}，然后随着 CO_2 浓度的上升缓慢增高，呈凹型变化（图 7.26）。

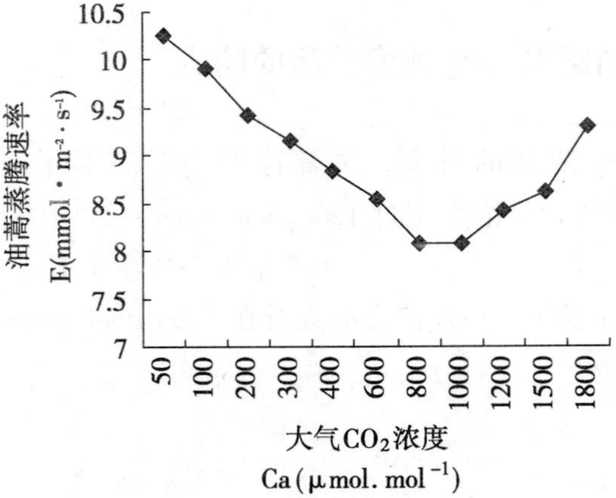

图 7.26 油蒿蒸腾速率 CO_2 响应曲线

Fig. 7.26 Tanspiration rate of Artemisia ordosica CO_2 response curve

3.3 籽蒿对 CO_2 浓度升高的响应

随着 CO_2 浓度的升高，籽蒿净光合速率增大（图 7.27），当 CO_2 浓度超过 600μmol · mol^{-1}时（其净光合速率为 34.34μmol · m^{-2} · s^{-1}），籽蒿净光合速率上升变缓，表明籽蒿净光合速率对 CO_2 浓度的提升在 600μmol · mol^{-1}以下时反应比较敏感。

籽蒿的蒸腾速率随着 CO_2 浓度的升高先下降后上升，同样在 800μmol · mol^{-1}左右达到最低值，为 10.85mmol · m^{-2} · s^{-1}，然后随着 CO_2 浓度的上升缓慢增高，呈凹型变化（图 7.28）。

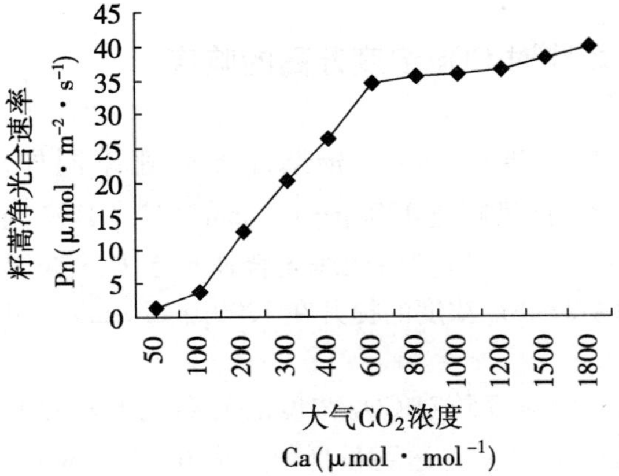

图 7.27　籽蒿净光合速率 CO_2 响应曲线

Fig. 7.27　NET photosynthetic rate of Artemisia sphaerocephala krasch CO_2 response curve

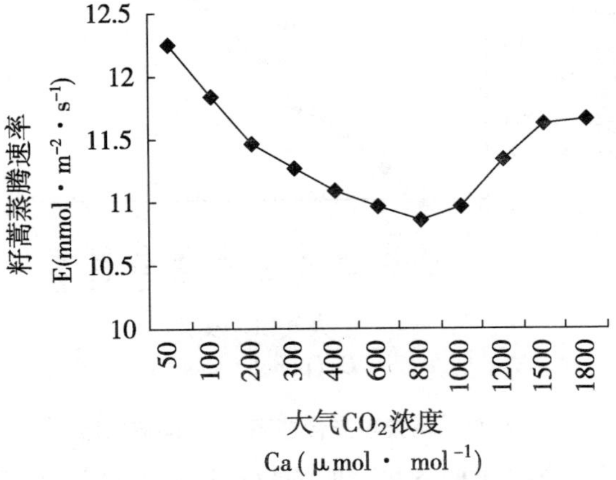

图 7.28　籽蒿蒸腾速率 CO_2 响应曲线

Fig. 7.28　Tanspiration rate of Artemisia sphaerocephala krasch CO_2 response curve

3.4 杨柴对 CO_2 浓度升高的响应

随着 CO_2 浓度的升高，杨柴净光合速率同样增大（图 7.29），当 CO_2 浓度超过 1200μmol · mol^{-1}时（其净光合速率为 33.97μmol · m^{-2} · s^{-1}），杨柴净光合速率上升才变缓，表明杨柴净光合速率对 CO_2 浓度的提升在 1200μmol · mol^{-1}以下时反应比较敏感。

杨柴的蒸腾速率随着 CO_2 浓度的升高先下降后上升，同样在 800μmol · mol^{-1}左右达到最低值，为 6.95mmol · m^{-2} · s^{-1}，然后随着 CO_2 浓度的上升缓慢增高，呈凹型变化（图 7.30）。

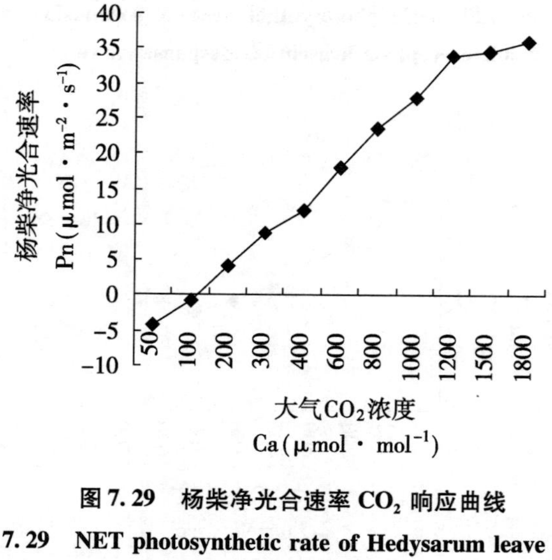

图 7.29 杨柴净光合速率 CO_2 响应曲线

Fig. 7.29 NET photosynthetic rate of Hedysarum leave Maxim in Bull. Act. Acad. Sci peteish CO_2 response curve

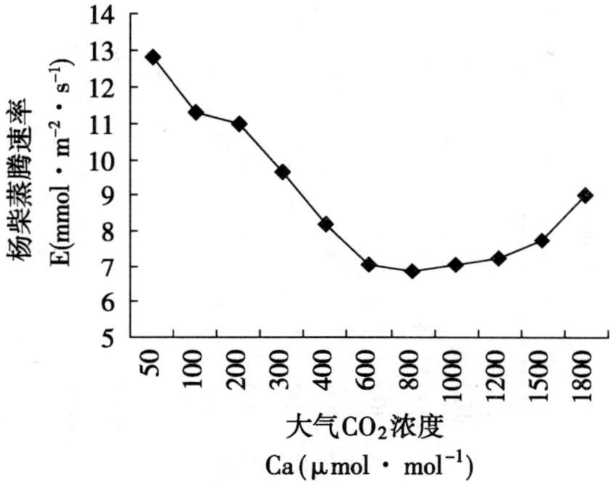

图 7.30　杨柴蒸腾速率 CO_2 响应曲线

Fig. 7.30　Tanspiration rate of Hedysarum leave Maxim in Bull. Act. Acad. Sci peteish CO_2 response curve

3.5　小叶锦鸡对 CO_2 浓度升高的响应

随着 CO_2 浓度的升高，小叶锦鸡净光合速率同样增大（图 7.31），当 CO_2 浓度超过 1200μmol·mol^{-1}时（其净光合速率为 13.14μmol·m^{-2}·s^{-1}），小叶锦鸡净光合速率上升才变缓，表明小叶锦鸡净光合速率对 CO_2 浓度的提升在 1200μmol·mol^{-1}以下时反应比较敏感。

小叶锦鸡的蒸腾速率随着 CO_2 浓度的升高先下降后上升，同样在 800μmol·mol^{-1}左右达到最低值，为 6.76mmol·m^{-2}·s^{-1}，然后随着 CO_2 浓度的上升缓慢增高，呈凹型变化（图 7.32）。

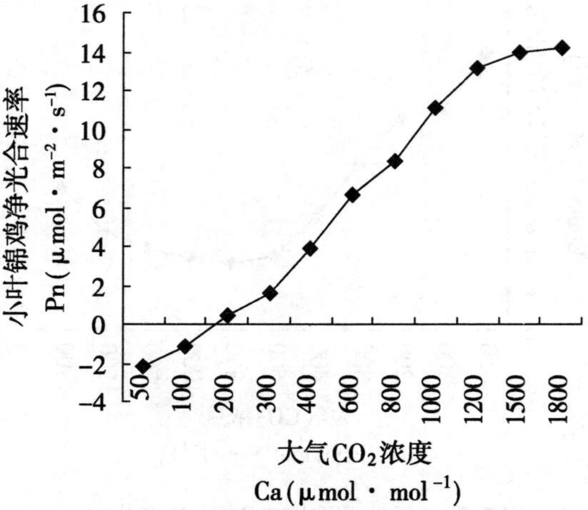

图 7.31 小叶锦鸡净光合速率 CO_2 响应曲线

Fig. 7.31 NET photosynthetic rate of Caragana microphylia Lam. CO_2 response curve

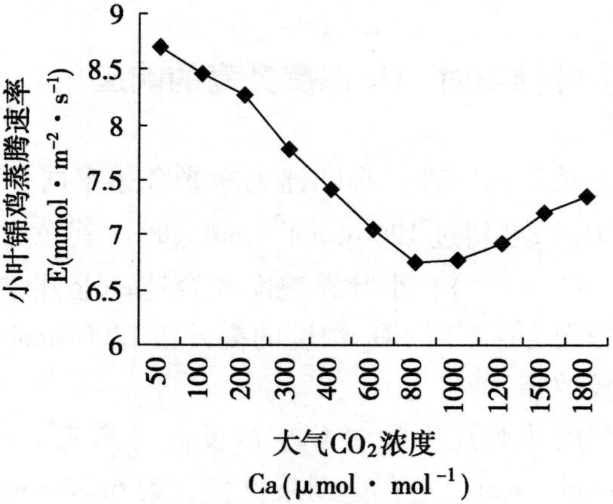

图 7.32 小叶锦鸡蒸腾速率 CO_2 响应曲线

Fig. 7.32 Tanspiration rate of Caragana microphylia Lam. CO_2 response curve

在野外自然条件下生长的这五种灌木植物，随 CO_2 浓度的变化，净光合速率与蒸腾速率响应曲线存在种间差异；随 CO_2 浓度的增加，五种灌木植物净光合速率都增大；当 CO_2 浓度在 1200μmol · mol^{-1}以下时，油蒿、小叶锦鸡和杨柴的净光合速率提升明显，而沙柳和籽蒿净光合速率出现明显提升是在 CO_2 浓度 1000μmol · mol^{-1}和 600μmol · mol^{-1}以下的时候；CO_2 浓度的增加对净光合速率的影响比对蒸腾速率的影响显著；五种灌木植物净光合速率都随着 CO_2 浓度的升高先降后生，呈凹型变化，并且蒸腾速率的最低点都出现 CO_2 浓度 800μmol · mol^{-1}的时候。

4　小结

在自然条件下生长的五种灌木植物净光合速率与蒸腾速率日变化趋势呈单峰，未出现明显的光合、蒸腾“午休”，从植物水分生理的一个角度证明五种灌木植物未受到干旱胁迫的影响；五种灌木植物的光合作用和蒸腾作用旺盛，说明它们适应研究区野外的自然水分条件，生长状况良好；由于物种本身的生物学特性，五种灌木植物日平均净光合速率大小顺序为沙柳 > 籽蒿 > 油蒿 > 小叶锦鸡 > 杨柴；日平均蒸腾速率大小顺序为油蒿 > 籽蒿 > 杨柴 > 小叶锦鸡 > 沙柳。

随光合有效辐射的增加，五种灌木植物净光合速率与蒸腾速率都增大；光合有效辐射的增加对净光合速率的影响比对蒸腾速率的影响显著；五种灌木植物净光合速率与蒸腾速率随光合有效辐射变化的响应存在种间差异，五种植物净光合速率增长的拐点都出现在光合有效辐射 1000mol · m^{-2} · s^{-1}时；除杨柴外，其余四种灌木植物蒸腾速率增长的拐点出现在光合有效辐射 400 mol · m^{-2} · s^{-1}的时候。

随 CO_2 浓度的增加，五种灌木植物净光合速率都增大，净光合速率响应存在种间差异，当 CO_2 浓度在 1200μmol · mol^{-1}以下时，油蒿、小叶锦鸡和杨柴的净光合速率提升明显，而沙柳和籽蒿净光合速率出现明显提升是在 CO_2 浓度 1000μmol · mol^{-1}和 600μmol · mol^{-1}以下的时候；CO_2 浓度的增加对净光合速率的影响比对蒸腾速率的影响显著；五种灌木植物净光合速率都随着 CO_2 浓度的升高先降后升，呈凹型变化，并且蒸腾速率的最低点都出现 CO_2 浓度 800μmol · mol^{-1}的时候。

油蒿和沙柳净气体交换生理特征没有表现出干旱胁迫特征，显示出良好的生理指标，表示两种优势植物在研究区各种立地条件下生长状况良好，可以考虑作为主要的固沙植被种。

第八章　优势植物种生长与降水关系

城镇周边防风固沙的植物种需要从当地乡土种中筛选，因为植物的生长不仅受到自身遗传物质的控制，还受到多项多变的环境因子的影响，如光、温、水及其土壤营养物质等在时空上的差异，所以植物的生长过程是反映环境因子变化过程，也是对环境适应过程，植被重建工程必须选取适应当地自然环境的植物种来完成。在诸多环境因素中，限制植物生长的最普遍的因素之一是水分，尤其在干旱、半干旱的环境。因此了解研究区优势植物种在不同水分条件下表现出的生长与生理特性（蒸腾速率、光合速率等光合水分生理特征），对理解植物种适应研究区环境方式和城镇治沙植被的选种与配置工作具有重要意义。

研究区沙丘生态系统以灌木为主，其中油蒿和沙柳是优势灌木[212]，本研究以沙柳和油蒿幼苗为对象，采用人工控制施水法（模拟150mm、250mm、350mm、450mm四个年降雨梯度）和野外观测法（年降水量348mm和483.5mm），分别探讨人工控制条件下及野外条件下优势植物种生长与气体交换过程对水分变化的响应差异，为进一步了解研究区不同年际降水量变化下，沙柳和油蒿群落生长变化过程，筛选嘎鲁图镇周边防风固沙植物种及探讨嘎鲁图镇周边防风固沙植被的可持续性提供理论依据。

1 人工控制降水量与优势植物种的关系

1.1 人工控制降水量与植物生长状况

随着施水量的增加，两种灌木植物幼苗的株高都增高，株高与施水量关系曲线表现为“S 型”（图 8.1）；并且施水量的增加对沙柳株高的影响大于油蒿，说明施水量的增加能有效提高沙柳植株高度；但是两种灌木植物幼苗株高对不同施水量的响应有差异，当施水量从 150mm 上升到 250mm 时，两种幼苗株高的上升幅度最大，油蒿、沙柳分别为 103.8%，96.4%，说明施水量 250mm 可能是这两种灌木植物株高生长的拐点；随着施水量增加到 350mm，油蒿、沙柳幼苗株高继续上升，幅度分别是 42.1%，10.8%；到了施水量 450mm 时，只有沙柳株高增幅较大，为 29.5%，而油蒿株高增幅大大下降，只有 5.3%，说明施水量大于 350mm 时，对油蒿株高的增加意义不大。但相同施水量情况下，由于植物种的差异，两种灌木植物幼苗的株高都呈现为沙柳 > 油蒿，平均值分别为 51.4cm，29.2cm。

不同施水量情况下，两种灌木植物幼苗的投影盖度都随施水量的增加而增大，植株幼苗投影盖度与施水量关系曲线仍表现为“S 型”（图 8.2）；但施水量的增加对油蒿投影盖度的影响大于沙柳，说明施水量的增加能有效提高油蒿的投影盖度。植株投影盖度对不同施水量的响应与植株高度对不同施水量响应趋势相同，当施水量从 150mm 上升到 250mm 时，两种幼苗投影盖度的上升幅度最大，油蒿、沙柳分别为 155.8%，132.3%，同样证明施水量 250mm 是这两种灌木植物投影盖度生长的拐点；随着施水量增加到350mm，植物幼苗投影盖度继续上升；到了施水量450mm时，油蒿幼苗投影盖度增幅最小，同样说明施水量大于350mm时，对油蒿植株投影盖度的增加意义也不大。但相同施水量情况下，植物的投影盖度为油蒿>沙柳，平均值分别为38.5%，10.8%。

两种灌木植物幼苗新枝长度对模拟降水量变化的响应趋势与株高对模拟降水量变化的响应趋势相同（图8.3）。表现为：不同施水量情况下，油蒿和沙柳幼苗的新枝长度随施水量的增加而增高，其中沙柳幼苗新枝长度随施水量增加变化大于油蒿；当施水量从150mm上升到250mm时，两种幼苗新枝长度的上升幅度最大，同样证明施水量250mm是这两种灌木植物新枝长度生长的拐点，施水量从350mm上升到450mm时，沙柳幼苗新枝增加48.2%，但油蒿幼苗新枝长度增幅仅5.6%，说明施水量大于350mm时，对油蒿新枝长度的增加意义不大。相同施水量情况下，沙柳新枝长度>油蒿新枝长度，平均值分别为23.7cm，20.8cm。

综合两种灌木植物株高、投影盖度、新枝长度对模拟降水量变化的响应以及差异来看：施水量的增加，使沙柳幼苗的株高及新枝长度得到有效提高，对油蒿幼苗来说得到有效提高的生长指标是投影盖度。施水量150mm时，两种灌木植物的株高、投影盖度、新枝长度三项生长指标大大均低于平均值，说明此时植物处于仅能存活的非正常生长状态；施水量上升到250mm时，两种灌木植物的株高、投影盖度、新枝长度接近平均值，并且三项生长指标上升幅度最大，说明250mm施水量可能是两种灌木植物从非正常生长到正常生长的拐点；施水量350mm时，两种灌木植物的三项生长指标继续上升，施水量到450mm时，油蒿的株高、投影盖度、新枝长度上升幅度最小，说明大于350mm施水量对油蒿幼苗的生长意义不大，350mm可能是油蒿幼苗正常生长的最适施水量，但是施水量到450mm时沙柳幼苗的株高和新枝长度还在大幅上升，也说明沙柳相对油蒿喜湿润，高施水量有利其生长。

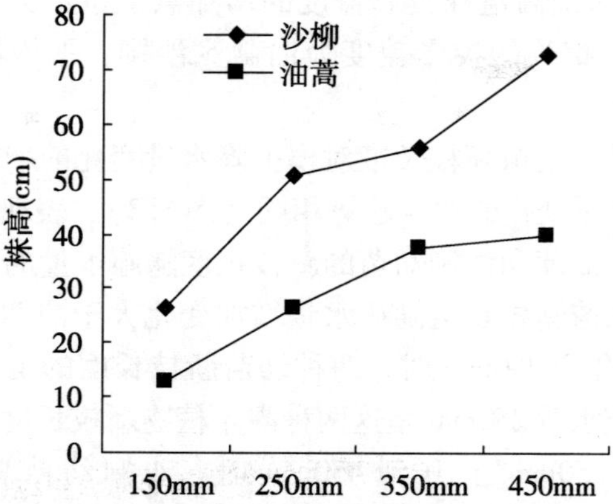

图 8.1 不同施水量条件下植物的株高

Fig. 8.1 The plant height in the condition of different water supply

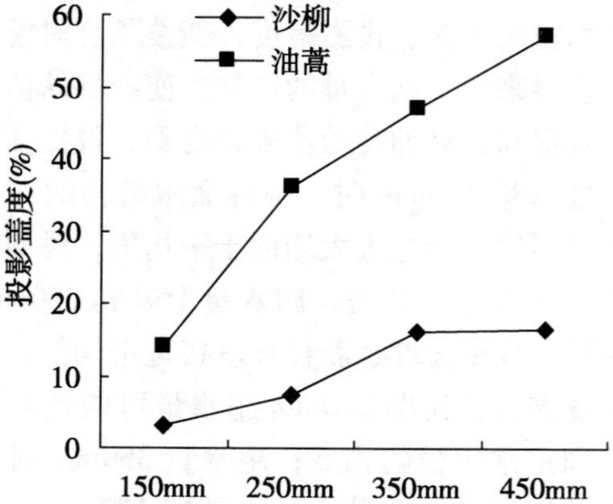

图 8.2 不同施水量条件下植物的投影盖度

Fig. 8.2 The projective cover of plant in the condition of different water supply

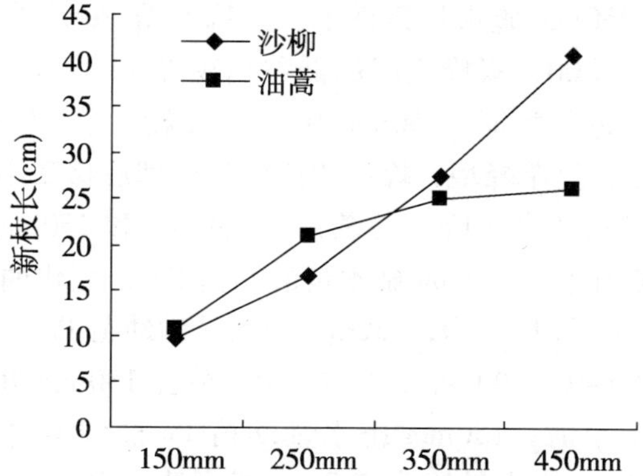

图 8.3　不同施水量条件下植物的新枝长度

Fig. 8.3　The length of new branches in the condition of different water supply

1.2　人工控制降水量与植物生理生态特征

光合作用是研究植物生命特征和生产力的基础，蒸腾作用是研究植物水分需求的重要指标，二者同是植物生理特性的主要指标，对了解植物生态系统的水分平衡、能量流动等生态功能过程有着重要作用，它们随天气状况、叶面积大小和土壤水分等因素的变化而变化[313]，在一定程度上也反映了植物调节水分损失和对环境胁迫的适应能力。

（1）净光合速率

沙柳和油蒿幼苗的净光合速率（Pn）日变化因施水量的不同差异显著（图 8.4）[314]。两种幼苗的 Pn 日平均值随施水量的增加（从 150mm 增加到 450mm）逐渐增大，然而不同施水量情况下，沙柳和油蒿幼苗 Pn 的日变化曲线仍有一定差异。随着施水量的增大，沙柳幼苗 Pn 的日变化曲线从双峰型转变为单峰型。

在150mm和250mm施水量条件下，沙柳幼苗Pn曲线双峰出现在9：00和15：00，双峰之间的低谷出现在13：00，表现出明显的光合“午休”特征。350mm和450mm施水量的沙柳幼苗Pn曲线大体一致，呈单峰型，峰值比前两种处理后移2小时，出现在11：00，然后逐渐下降。油蒿幼苗150mm和250mm的Pn日变化曲线呈双峰型，150mm施水量的幼苗Pn日变化曲线双峰分别出现在9：00和15：00，250mm施水量的幼苗Pn日变化曲线双峰分别出现在11：00和15：00，第一峰比150mm处理的日变化曲线后移2小时；150mm施水量幼苗Pn曲线双峰明显，而350mm和450mm施水量的幼苗Pn曲线大体一致，都呈单峰型，峰值出现在11：00。

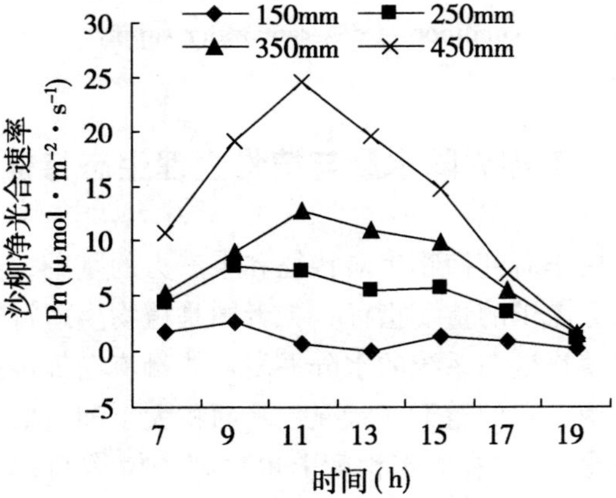

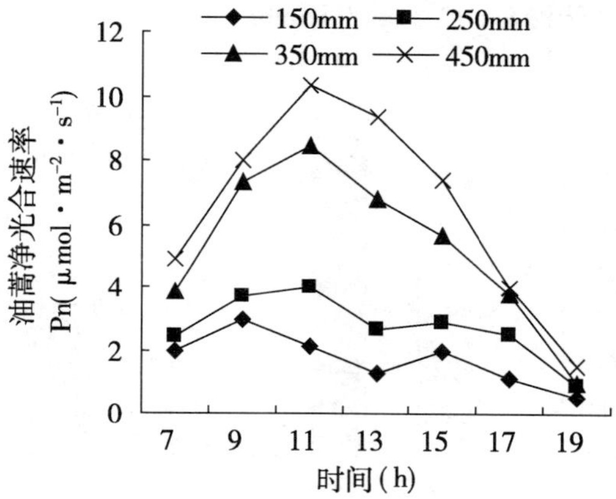

图 8.4　不同施水量条件下沙柳和油蒿的净光合速率日变化

Fig. 8.4　The daily changes variations of net photosynthetic rate of Salix psammophila and Artemisia ordosica in the condition of different water supply

从以上结果可知，150mm 和 250mm 施水量的沙柳和油蒿幼苗的光合作用都有“午休”现象发生，尤其是在 150mm 施水量条件下，两种植物幼苗的 Pn 日变化曲线呈双峰，并且第一峰均出现在 9：00，植物幼苗光合“午休”明显，表明其受到很强的水分胁迫作用。随着施水量的增大，350mm 和 450mm 施水量能有效地缓解两种植物幼苗“午休”现象，使 Pn 曲线由双峰转变为单峰，最高峰出现在 11：00，但施水量从 350mm 上升到 450mm 后油蒿幼苗的 Pn 日变化曲线升高幅度（23.8%）较沙柳幼苗（78.0%）小，说明超过 350mm 施水量不能大幅提高油蒿幼苗的净光合速率，而对提高沙柳幼苗的净光合速率有积极作用。

在不同施水量情况下，沙柳和油蒿幼苗 Pn 日平均值之间有差异，随着施水量增加，这两种幼苗的 Pn 日平均值随着提高（图 8.5）[187]。另外，沙柳幼苗的 Pn 日平均值（6.97μmol ·

$m^{-2} \cdot s^{-1}$）高于油蒿幼苗（4.05μmol · $m^{-2} \cdot s^{-1}$）。

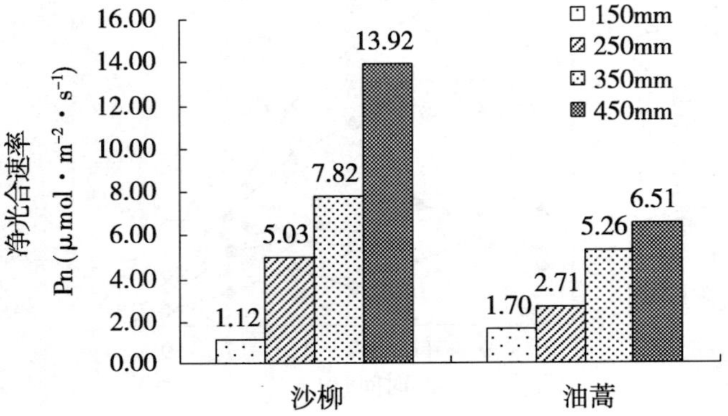

图 8.5 不同施水量条件下沙柳和油蒿的净光合速率日平均值

Fig. 8.5 The diurnal average of net photosynthetic rate on Salix psammophila and Artemisia ordosica in the condition of different water supply

（2）蒸腾速率

沙柳和油蒿幼苗的蒸腾速率（E）日变化因施水量的不同差异显著[314]（图 8.6）。两种幼苗的 E 随着施水量的增加（从 150mm 增大到 450mm）逐渐增大，然而不同施水量情况下沙柳与油蒿幼苗的 E 日变化曲线也有差异。150mm 与 250mm 施水量的沙柳幼苗 E 日变化曲线呈双峰型，峰值分别出现在 9：00 和 13：00，双峰之间的弱谷出现在 11：00；而 350mm 和 450mm 施水量的沙柳幼苗 E 日变化曲线相似，从 7：00 开始上升，15：00 时达到最大，之后下降。对于油蒿幼苗而言，150mm 和 250mm 施水量的 E 日变化曲线也呈双峰型，在 9：00 和 15：00 各有一个峰，在 11：00 有个弱谷；而 350mm 和 450mm 的 E 日变化曲线呈单峰型，从 7：00 开始上升，15：00 时达到最大，之后下降。

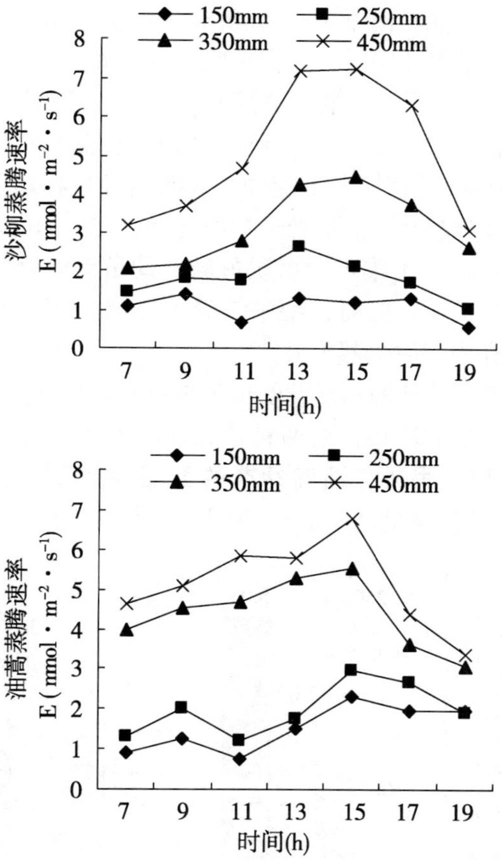

图 8.6　不同施水量条件下沙柳和油蒿的蒸腾速率日变化

Fig. 8.6　The diurnal variations of transpiration rate on Salix psammophila and Artemisia ordosica in the condition of different water supply

这些结果也表明了少量施水能导致沙柳和油蒿幼苗出现“午休”现象，而增加施水能有效地解除“午休”现象。造成以上结果的原因可能是由于150mm的施水量的幼苗受到严重的水分胁迫，导致了气孔关闭，气孔导度明显下降，以免过多蒸腾失水而造成叶肉组织受到伤害，这反映了沙柳和油蒿幼苗对干旱条件的一种生态适应策略[314]，250mm处理的油蒿和沙柳幼苗E变化趋势和150mm处理情况下相同，表明两种植物幼苗的干旱状况虽然得到部分缓解，但仍处于被胁迫的状态，而随着施量增加到350mm，保证了土壤水分状况好转，幼苗能够吸收充足的水分来保持较高的E，同时，中午气温上升降低了空气的相对湿度，使得E在中午时仍然上升[314]。

不同施水量的沙柳和油蒿幼苗蒸腾速率日平均值之间存在差异，随着施水量的增加，这两种植物幼苗的E日平均值也随之提高（图8.7）。另外，油蒿幼苗的E日平均值（3.25mmol·m^{-2}.s^{-1}）高于沙柳幼苗（2.72mmol·m^{-2}·s^{-1}）。

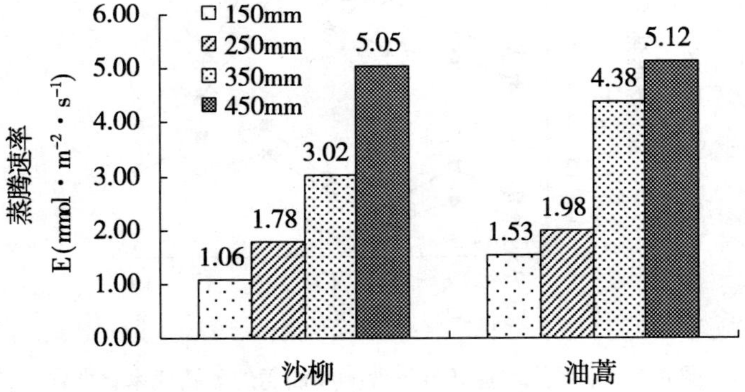

图8.7　不同施水量条件下沙柳和油蒿的蒸腾速率日平均值

Fig. 8.7　The diurnal average of transpiration rate on Salix psammophila and Artemisia ordosica in the condition of different water supply

2　自然环境中优势植物生理生态特征

2.1 净光合速率（Pn）

自然条件中，迎风坡、丘顶和丘间低地三种地貌部位（背风坡未见沙柳生长），沙柳叶片 Pn 日变化均呈现单峰变化特征（图 8.8），从 7：00 开始迅速升高，9：00 达到峰值，然后缓慢下降；降水量 483.5mm 时，沙柳 Pn 从 9：00—15：00 在 14.47—9.15μmol · m^{-2} · s^{-1}之间，Pn 日平均值 8.59μmol · m^{-2} · s^{-1}；降水量 348mm 时，沙柳 Pn 从 9：00—15：00 在 9.51—5.01μmol · m^{-2} · s^{-1}之间，Pn 日平均值 5.71μmol · m^{-2} · s^{-1}，从沙柳 Pn 日变化进程来看，日变化曲线呈单峰，从早上 9：00—15：00 长时间维持较强的光合作用能力，并且，Pn 日平均值较高，说明自然条件下生长的沙柳生长状况良好，没有表现出干旱胁迫的光合生理特征；三种地貌部位，沙柳 Pn 日平均值排序为：丘间低地 > 丘顶 > 迎风坡，可能与沙丘不同地貌部位土壤水分含量有关，说明沙柳在丘间低地生长最旺盛，其次是丘顶和迎风坡（与实地调查结果一致），可为植被恢复配置提供参考。

自然条件下，不同沙丘类型油蒿 Pn 日平均值排序为：半固定沙丘 > 固定沙丘（纯蒿） > 柳蒿混生的固定沙丘；在同种类型的不同地貌部位，油蒿 Pn 日平均值排序为：丘间低地 > 丘顶 > 迎风坡 > 背风坡；除降水量 348mm 时三种沙丘背风坡油蒿 Pn 日变化呈双峰变化特征，Pn 日平均值较低（在 2.87—3.43 μmol · m^{-2} · s^{-1}之间），表现出干旱胁迫的光合生理特征，其他所有地貌部位中油蒿的叶片 Pn 日变化呈现单峰变化特征（图 8.9），从 7：00 开始迅速升高，11：00 达到峰值，并且 Pn 日平均值不低于 5.35μmol · m^{-2} · s^{-1}，最大时可达 10.74μmol · m^{-2} · s^{-1}，说明其具有较强的光合作用能力，生长状况良好，没有干旱胁迫的光合生理特征。降水量 348mm 时，背风坡上生长的油蒿生长状况不好，说明此时不宜在背风坡上进行植被恢复重建工作。

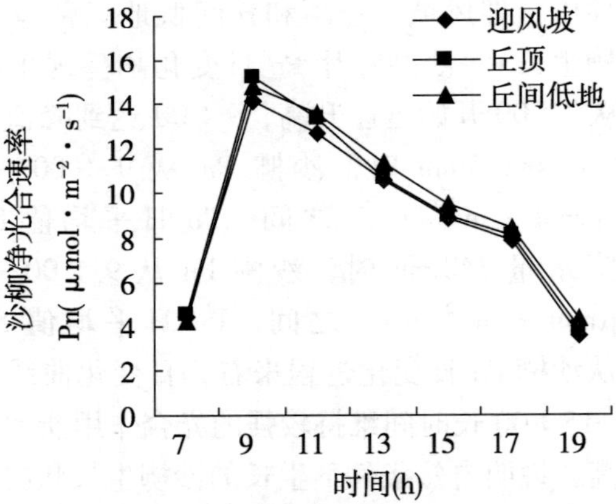

2007年（降水量483.5mm）
2007(precipitation483.5mm)

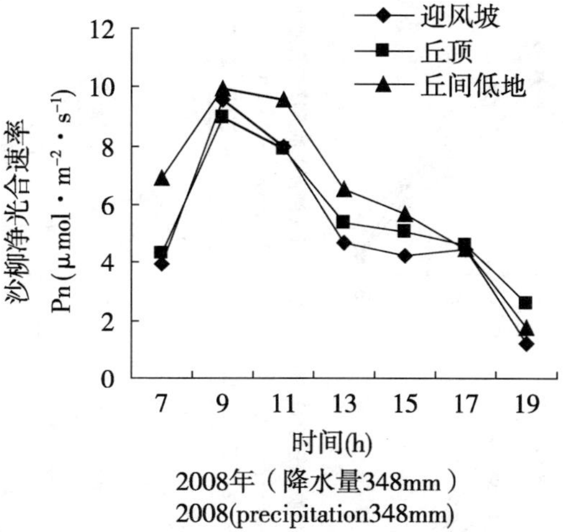

图 8.8　自然条件下沙柳净光合速率日变化

Fig. 8.8　The diurnal variations of net photosynthetic rate of Salix psammophila in natural condition

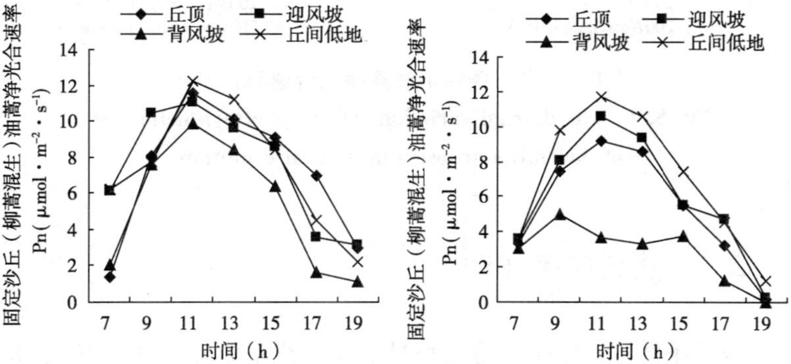

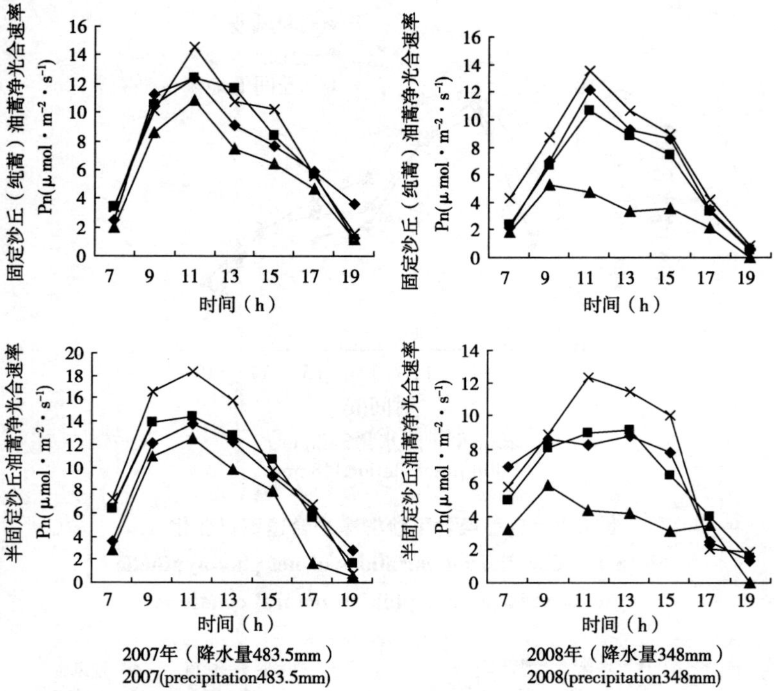

图 8.9 自然条件下油蒿净光合速率日变化

Fig. 8.9 The diurnal variations of net photosynthetic rate of Artemisia ordosica in natural condition

2.2 蒸腾速率（E）

自然条件下，沙柳蒸腾速率日变化曲线呈单峰（图 8.10），从 9：00—15：00 都较大，降水量 483.5mm 时保持在 4.80—6.04 $mmol \cdot m^{-2} \cdot s^{-1}$之间，降水量 348mm 时保持在 4.00—5.04$mmol \cdot m^{-2} \cdot s^{-1}$之间，E 日平均值较高，分别为 4.40$mmol \cdot m^{-2} \cdot s^{-1}$和

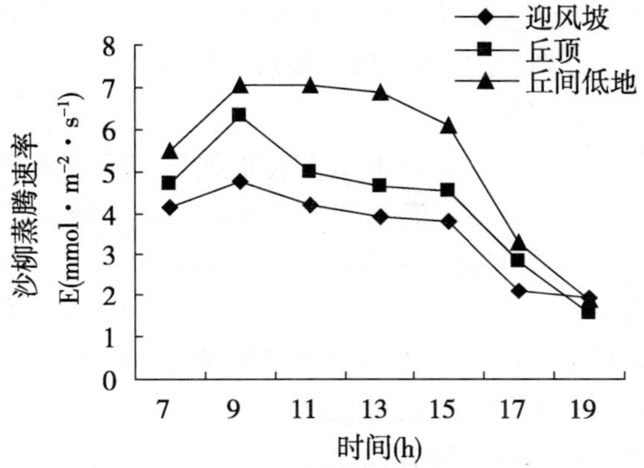

2007年（降水量483.5mm）
2007(precipitation483.5mm)

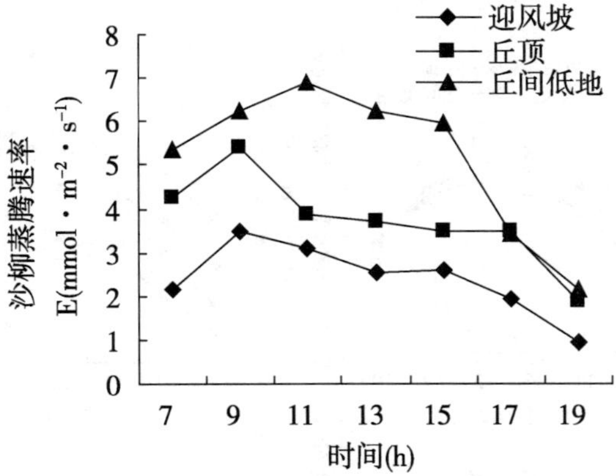

2008年（降水量348mm）
2008(precipitation348mm)

图 8.10 自然条件下沙柳蒸腾速率日变化

Fig. 8.10 The diurnal variations of transpiration rate of Salix psammophila in natural condition

3.76mmol · m^{-2} · s^{-1}。说明自然条件下，迎风坡、丘顶和丘间低地三种地貌部位生长的沙柳蒸腾作用旺盛，没有表现出干旱胁迫的特征，三种地貌部位生长的沙柳 E 日平均值排序为：丘间低地 > 丘顶 > 迎风坡，同样说明丘间低地土壤水分条件好，沙柳蒸腾作用旺盛，更适宜沙柳生长。

自然条件下生长的油蒿 E 日变化曲线呈单峰（图 8. 11），从 7：00 开始上升，15：00 时达到最高峰，随后下降；除背风坡 E 日平均值较小（降水量 483. 5mm 时 5. 79mmol $\cdot$ m^{-2} $\cdot$ s^{-1}，降水量 348mm 时 4. 31mmol $\cdot$ m^{-2} $\cdot$ s^{-1}），其余三种地貌部位条件下，E 日平均值都相对较高，保持在 6. 47—9. 26mmol $\cdot$ m^{-2} $\cdot$ s^{-1}之间，E 日平均值排序为：丘间低地 > 丘顶 > 迎风坡 > 背风坡，说明除背风坡以外，其余所有地貌部位自然生长的油蒿蒸腾作用旺盛，没有表现出干旱胁迫的特征，可以利用油蒿对迎风坡、丘顶和丘间低地实行植被恢复工作。

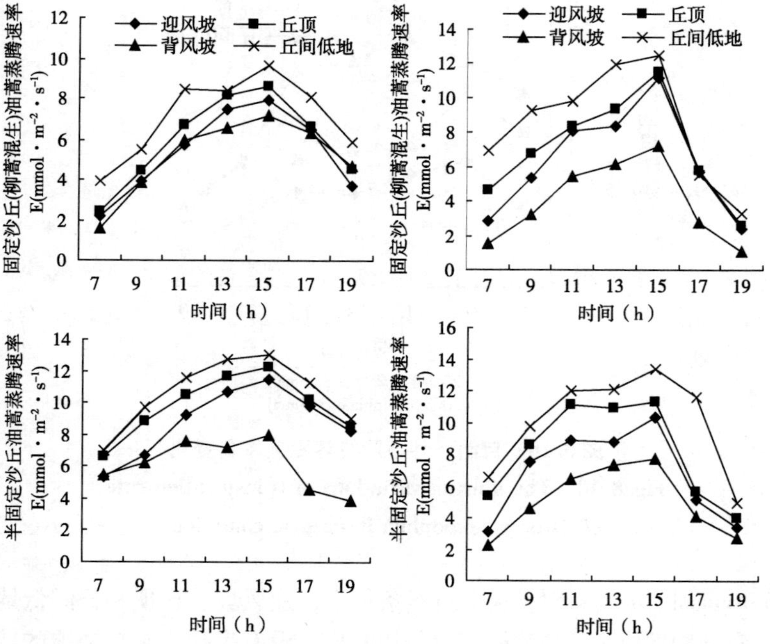

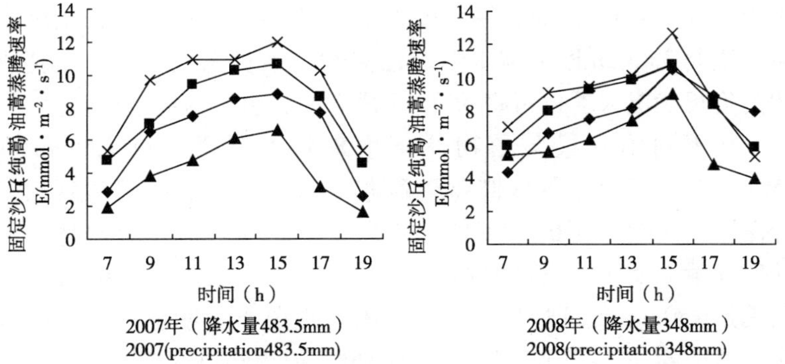

图 8.11　自然环境中油蒿蒸腾速率日变化

Fig. 8.11　The diurnal variations of transpiration rate of Artemisia ordosica in natural condition

3　优势植物种对降水的适应性分析

从不同施水量与植物幼苗生长特性来看，沙柳、油蒿两种优势植物幼苗的株高、投影盖度、新枝长度都随着施水量的增加而增高；对沙柳而言，施水量的增高能有效提高沙柳幼苗的株高及新枝长度，但对油蒿来说，施水量的增高能有效提高植物幼苗的投影盖度。150mm 施水量时，两种优势植物幼苗的株高、投影盖度、新枝长度都远远低于平均值，说明植物幼苗受到干旱胁迫，处于非正常生长状况；当施水量上升到 250mm 时，两种灌木植物幼苗的株高和新枝长度均有大幅提高，但还是低于平均值，可能说明两种灌木植物幼苗已基本正常生长，但生长状况不十分理想；施水量上升到 350mm 时，两种植物的三项生长指标都增加，并且都大于平均值，说明植物幼苗生长状况良好；当施水量上升到450mm时，油蒿幼苗的株高和新枝长度增长幅度不大，说明350mm以上施水量对油蒿幼苗生长意义不大，从植物幼苗生长状况来看，可将350mm视为油蒿生长的最适施水量。

从不同施水量与植物幼苗生理特性来看，在150mm和250mm处理条件下的沙柳和油蒿幼苗Pn和E较低，都表现出光合作用及蒸腾作用的“午休”现象，这是植物对干旱胁迫的一种生理生态反应，也是植物对干旱环境的一种适应对策[314-318]，尤其是150mm处理情况下，“午休”现象十分明显，说明两种灌木植物的幼苗受到严重的干旱胁迫，但植物仍有生理反应指征兆；随着施水量的增加，350mm和450mm处理条件下的沙柳和油蒿幼苗“午休”现象都得到了很大缓解，说明这时的水分条件充足，350mm及以上水分处理条件下，水分不再是植物Pn和E的限制因子，可以满足两种优势灌木植物的生长。同时，沙柳和油蒿幼苗的Pn和E对不同施水量的响应曲线有很大差异，在350mm和450mm施水量时两种植物幼苗都没有表现出干旱胁迫，但在这两种处理条件下，油蒿幼苗的Pn和E日平均值分别只上升23.8%和17.0%，而沙柳幼苗的Pn和E日平均值分别上升78.0%和67.1%，从植物气体交换特征角度同样说明：超过350mm的施水量能继续提高沙柳幼苗的生长速率，而对油蒿幼苗生长的意义不大，可以认为350mm处理是油蒿幼苗生长的最适施水量。

两种优势灌木植物的生长特征表明：施水量150mm时，植株幼苗受到严重干旱胁迫，但仍有生命指征，250mm施水量可以维持植株幼苗的生长需要，350mm及以上施水量时植株幼苗生长旺盛；研究区近50年（1958—2008年）年平均降水量为345mm，年降水量小于150mm情况只出现过一次，86%的年份降水量都大于250mm，50%的年份降水量大于350mm，说明研究区大部分降雨情况都能满足这两种灌木植物的生长需求，50%

年份的降水量可以达到油蒿和沙柳旺盛生长的要求，因此这两种优势灌木植物适应当地降水量条件，可以用作当地防沙治沙的植物种。

在施水量相同的情况下，沙柳的日平均 Pn 大于油蒿，说明在降水量相同的情况下，沙柳能产生更高的地面生物量；施水量的上升能有效提高沙柳的株高，说明沙柳能产生更远的沙尘防护距离；同时沙柳可以做柳编、造纸、发电等产业的原材料，具有较高的经济价值，因此是一种更适合用于嘎鲁图镇周边防风固沙的植物种。

野外自然条件下，两种灌木植物 Pn 和 E 日平均值排序为丘间低地 > 丘顶 > 迎风坡 > 背风坡，除降水量 348mm 时，背风坡上生长的油蒿 Pn 呈双峰，Pn 和 E 日平均值较低，表现出干旱胁迫的生理特征，其余地貌部位条件下，这两种灌木植物 Pn 和 E 日变化曲线都呈单峰，并保持了相对较高的日平均值，表现出良好的生理生态生长指标和对迎风坡、丘顶、丘间低地三种地貌部位的适应机制，说明研究区内沙丘迎风坡、丘顶、丘间低地三种地貌部位均适宜进行植被恢复工作，尤其是水分条件较好的丘间低地，但背风坡不宜作为植被恢复工作的重点区域。

第九章　基于水分平衡的植被配置

水分是沙区植物生长的第一限制因子，固沙植被在这种特定的环境条件下，通过自身形态、生理及生态等方面的变化来实现对干旱环境的适应，同时，也对沙区生态系统的水分平衡和循环产生一定的影响，以达到植被与环境的统一。在研究区沙丘，从水平衡的角度来讲，在一定区域内绿色植被的分布面积或覆盖度应存在一个最适的比例，才能保持水资源的持续利用。本书依据实验区沙丘的水分平衡进行探讨人工恢复植被的合理密度结构。

1　水分平衡计算

1.1　地表蒸散量

2007 年与 2008 年的植物生长季，对研究区内四种沙丘类型，0—200cm 土壤水分进行连续观测，并收集降雨资料，通过计算，得出地表蒸散量。2007 年所有沙丘类型迎风坡、丘顶和背风坡的地表蒸散量值均大于 2008 年，与降水量变化一致，说明降水量是影响研究区沙丘迎风坡、丘顶和背风坡地表蒸散量值的主要因素，而丘间低地地表蒸散值可能更大程度上受到地下水的影响。

研究区 2007 年与 2008 年植物生长季地表蒸散量的时间变化

显示（图 9.1）：四种沙丘类型的地表蒸散量几乎都是从 4 月开始逐渐上升，至 8 月达到最大值，2007 年 8 月四种沙丘类型地表蒸散量平均值为 94.77mm，占整个生长季的 24.1%。

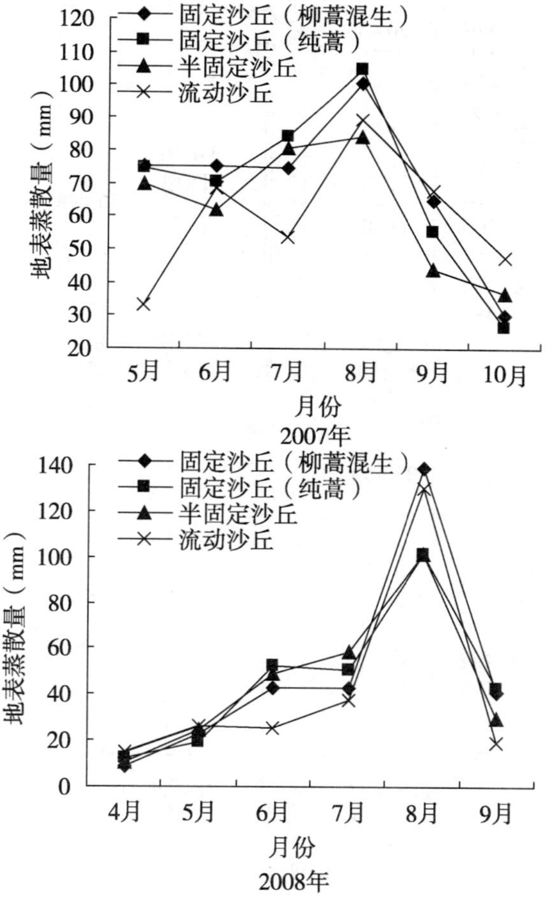

图 9.1　植物生长季地表蒸散量随时间变化曲线

Fig. 9.1　The curve of variational Evapotranspiration in plant growing season with different time

2008 年 8 月四种沙丘类型地表蒸散量平均值为 118.08mm，占整个生长季的 42.8%，因为在研究区 8 月份降雨比较集中，气温较高，植物覆盖度高，充足的降水、高温和植物生长为蒸散提供了有利条件。

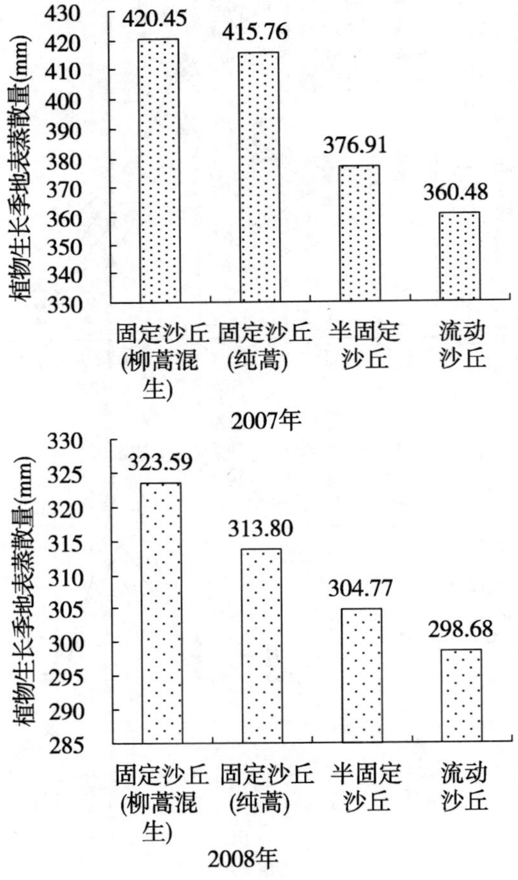

图 9.2　植物生长季地表蒸散量空间差异

Fig. 9.2　The spatial differentiation of Evapotranspiration in plant growing season

研究区2007年与2008年植物生长季地表蒸散量空间差异显示（图9.2）：2007年与2008年植被生长季中，四种沙丘类型的蒸散量排序都是：固定沙丘（柳蒿混生）>固定沙丘（纯蒿）>半固定沙丘>流动沙丘，与植被覆盖度排序吻合，说明在降雨、气温、风速等气候因素差异不大时，植被蒸腾量是影响地表蒸散量的决定因素。

1.2 植被蒸腾量

在Penman－Monteith公式中带入月最高温度、月最低温度、月平均温度、月平均风速、月平均相对湿度、日照时数等气象参数（表9.1），a、b经验系数（表9.2），实地观测得出的植被密度、气孔阻力、植株平均高度、单株叶面积等参数（表9.3、表9.4）。

计算出研究区2007年与2008年四种沙丘类型不同地貌部位植被蒸发量（图9.3）。可见：2007年植被蒸发量高于2008年，是由于2007年降水量大，植被蒸发量随沙丘土壤水分条件的改善而加大；不同沙丘类型的植被蒸发量为：固定沙丘（柳蒿混生）>固定沙丘（纯蒿）>半固定沙丘，说明植被蒸发量与植被覆盖度呈正相关；不同地貌部位，植被蒸发量顺序基本符合丘间低地>迎风坡>丘顶>背风坡。

表9.1 Penman－Monteith方程中的气象参数

Tab. 9.1 The meteorological parameter in Penman－Monteith

年	月份	1月	2月	3月	4月	5月	6月	7月	8月	9月	10月	11月	12月
2007	最高温度/℃	7.2	15.8	19.6	23.9	30	32.9	33.7	34.7	27.5	19.2	15.9	5.7
	最低温度/℃	－18.2	－13.3	－16.2	－6.1	2.5	10.3	14.6	11.9	6	－5.1	－9.5	－19.6
	平均温度/℃	－7.8	－0.1	1.9	9.7	18.2	20.7	22	22.3	15.5	7.9	1.5	－5.1

续表

年	月份	1月	2月	3月	4月	5月	6月	7月	8月	9月	10月	11月	12月
2007	月平均风速/m/s	2.1	2.0	2.3	2.8	2.8	2.1	2.1	1.8	1.7	1.8	1.7	1.9
	月平均相对湿度/%	47.0	46.0	61.0	31.0	28.0	54.0	61.0	59.0	62.0	63.0	49.0	54.0
	日照时数/h	229.0	224.1	217.6	290.2	302.9	214.2	239.6	248.5	232.4	193.9	231.3	184.9
2008	最高温度/℃	7.6	9.3	23.2	27.7	31.8	34.1	34.7	32.3	29.3	23.3	16	9.3
	最低温度/℃	-23.9	-22.8	-7.5	-4.4	2.4	8.3	14.4	6.5	3.7	-3.5	-10.5	-24.9
	平均温度/℃	-11.1	-8.5	5.4	11.3	17.5	21.4	23.3	19.9	15.5	8.9	1.2	-6.5
	月平均风速/$m \cdot s^{-1}$	1.7	1.8	2.3	2.4	2.3	2.3	2.3	2.0	1.7	1.7	1.8	2.0
	月平均相对湿度/%	51.0	58.0	33.0	41.0	28.0	43.0	54.0	65.0	67.0	57.0	48.0	38.0
	日照时数/h	176.3	245.6	273.4	239.2	322.1	302.6	268.1	253	182.2	251.9	237.5	224.3

表 9.2 乌审旗不同季节的经验系数 a 和 b[319]

Tab. 9.2 The empirical parameter a and b in different seasons of Wushen banner

季节	经验系数 a	经验系数 b
春季（3—5 月）	0.156	0.598
夏季（6—8 月）	0.181	0.505
秋季（9—11 月）	0.096	0.645
冬季（12—2 月）	0.138	0.639

表 9.3　不同沙丘类型、不同地貌部位植被密度及气孔阻力

Tab. 9.3　Vegetation density and stomatal resistance in different types of dune and landform

年	地貌部位	固定沙丘（柳蒿混生）				固定沙丘（纯蒿）		半固定沙丘	
		油蒿		沙柳		油蒿		油蒿	
		密度/株/m^2	气孔阻力	密度/株/m^2	气孔阻力	密度/株/m^2	气孔阻力	密度/株/m^2	气孔阻力
2007	迎风坡	0.40	6.74	0.08	11.69	0.56	2.95	0.24	5.32
	丘顶	0.24	4.97	0.16	9.45	0.32	3.12	0.16	4.48
	背风坡	0.00	/	0.44	9.22	0.28	3.13	0.08	6.74
	丘间低地	0.08	5.12	0.68	9.22	0.52	3.37	0.20	3.96
2008	迎风坡	0.52	4.27	0.08	15.36	0.48	3.65	0.24	3.33
	丘顶	0.56	6.27	0.12	8.77	0.56	3.54	0.28	3.62
	背风坡	0.08	4.83	0.32	12.17	0.24	3.31	0.12	3.73
	丘间低地	0.08	4.83	0.64	9.01	0.32	4.01	0.20	5.05

表 9.4　不同沙丘类型植株平均高度及叶面积月变化

Tab. 9.4　The average plant height and monthly varitation of leaf area in different types of dunes

月份			5 月	6 月	7 月	8 月	9 月	10 月
固定沙丘	沙柳	叶面积/m^2	0.0006	0.002	0.0096	0.045	0.035	0.0175
		株高/m	2.10	2.20	2.20	2.30	2.30	2.30
	油蒿	叶面积/m^2	0.0062	0.0082	0.0106	0.012	0.0116	0.0082
		株高/m	0.42	0.50	0.50	0.668	0.668	0.60
半固定沙丘	油蒿	叶面积/m^2	0.0056	0.0076	0.0101	0.0113	0.0101	0.0080
		株高/m	0.40	0.45	0.56	0.61	0.61	0.60

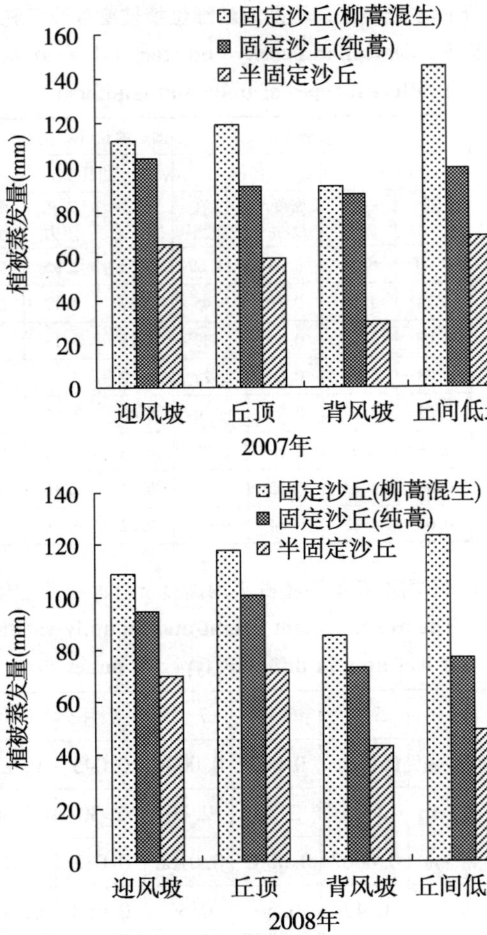

图 9.3　不同地貌部位植被蒸发量

Fig. 9.3　The evaporation for vegetation in different area

1. 3　土壤蒸发量

植被覆盖区地表蒸散包括植被蒸腾和土壤蒸发两部分，不同类型沙丘由于植被覆盖度、地貌部位的影响，土壤蒸发量也有差异。土壤蒸发水分（E_2）＝地表蒸散量（E）－植被蒸腾量（E_1）。

表 9. 5　地表蒸散量（E）、植被蒸腾量（E_1）与土壤蒸发量（E_2）/mm

Tab. 9. 5　Evapotranspiration（E）、transpiration of vegetation（E_1）and evaporation of soil（E_2）/mm

沙丘类型 \ 地貌部位		迎风坡			丘顶			背风坡			丘间低地		
		E	E_1	E_2	E	E_1	E_2	E	E_1	E_2	E	E_1	E_2
2007	固定沙丘（柳蒿混生）	431. 69	112. 48	319. 21	417. 34	119. 64	297. 70	412. 31	91. 45	320. 86	348. 38	145. 19	203. 19
	固定沙丘（纯蒿）	427. 43	103. 63	323. 81	406. 07	90. 90	315. 16	413. 78	87. 53	326. 25	324. 30	99. 81	224. 49
	半固定沙丘	393. 56	65. 52	328. 04	379. 29	58. 63	320. 67	357. 87	29. 43	328. 44	320. 15	68. 83	251. 32
2008	固定沙丘（柳蒿混生）	316. 89	109. 16	207. 73	315. 51	118. 03	195. 48	318. 64	85. 17	233. 47	459. 78	123. 13	336. 65
	固定沙丘（纯蒿）	305. 59	94. 61	210. 97	303. 52	100. 79	202. 73	332. 28	73. 42	258. 86	419. 00	76. 89	342. 11
	半固定沙丘	298. 83	70. 04	228. 76	294. 93	72. 55	222. 38	320. 55	43. 28	277. 27	377. 56	49. 67	327. 89

从表 9. 5 可见：所有沙丘类型和地貌部位，土壤蒸发量均大于植被蒸腾量，说明在地表蒸散过程中，水分主要是通过土壤蒸发到空气中的，植物蒸腾只占地表蒸散的少部分；土壤蒸发量随裸露地面积的增加而增大，表现为半固定沙丘 > 固定沙丘（纯

蒿）>固定沙丘（柳蒿混生）；干旱的气象条件下，土壤蒸发量大大减小，导致植被蒸腾在地表蒸散中的比重增加。

1.4 植被可利用土壤有效水含量

对土壤含水量的测定表明，在研究区沙丘，所有降水量除地表蒸散损失外，全部入渗并蓄持在2m以内沙层中，绝大部分可供植物吸收利用，只有当土壤含水量接近植物萎蔫系数，即土壤水势为-1.5Pa左右时，水分才难以被植物吸收利用，因此，需要在计算植物萎蔫含水量和土壤蒸发量的基础上，求得各地貌部位固沙植被的有效含水量，流动沙丘渗蓄水量需要扣除植物萎蔫含水量和土壤蒸发量才等于固沙植被能够利用的土壤有效水含量，2007年与2008年（降水量分别为485.3mm和348mm时），流动沙丘各地貌部位2m沙层固沙植被的有效含水量（表9.6）。

2007年降水量大于2008年，因此沙丘上能被植物利用的有效水分也多，从另一个角度考虑说明沙丘是沙漠“水库”，具有截留、保存雨水的作用，降水量是影响沙丘有效水分的重要因素；同时，也可看出不同地貌部位土壤有效水含量顺序为丘间低地>迎风坡>丘顶>背风坡，丘间低地由于受浅层地下水影响，可被植物利用的水分充裕，植被密度不受水分条件限制，背风坡土壤有效水含量为负值，说明背风坡上干沙层厚，不具备种植植被的水分条件，因此固沙植被的重建工作应针对迎风坡和丘顶两种地貌部位来展开。

表 9.6　流动沙丘不同地貌部位 2m 沙层内植被可利用的土壤有效含水/mm

Tab. 9.6　Effectively available soil water content in 2m depth sandbed of different landforms on moving dune/mm

年	地貌部位	渗蓄量/mm	植物萎蔫含水量/mm	土壤蒸发量/mm	土壤有效含水量/mm
2007	迎风坡	750.35	324.05	323.69	102.61
	丘顶	735.10	324.05	311.18	99.88
	背风坡	563.54	324.05	325.18	-85.69
	丘间低地	3355.51	324.05	226.33	2805.13
2008	迎风坡	588.02	270.04	215.83	102.15
	丘顶	560.03	270.04	206.86	83.13
	背风坡	356.71	270.04	256.53	-169.86
	丘间低地	2683.3	270.04	335.55	2077.73

2　沙丘固沙植被理论配置密度

2.1　单一植物种的理论配置密度

理论固沙植被配置密度实际上就是沙丘对植被的土地承载能力，固沙植被合理密度确定的首要原则是保证固沙植物的存活及正常生长所必需的水分需求，并能在较长时间保持或增强固沙效果，因此植被配置密度受供水条件（即土壤有效含水量）的限制。在已知土壤有效含水量的情况下，用植物平均高度、平均叶面积、平均气孔阻力等植被参数（表 9.7），通过冠层蒸发量计算公式可以反算出不同地貌部位单一配置不同植物种的合理配置密度，再结合野外调查植被平均投影盖度，可估算出恢复重建后的植被盖度，通过计算得到研究区野外几种常见沙地灌木植物的合理配置密度及恢复后盖度（表9.8）。

表9.7 籽蒿、杨柴、小叶锦鸡植株平均高度及叶面积月变化

Tab. 9.7 Artemisia sphaerocephala、Hedysarum mongolicum、Caragana microphylla's average height and monthly variation of leaf area

植物种类	植被参数	5月	6月	7月	8月	9月	10月
籽蒿	叶面积/m^2	0.0039	0.0057	0.0097	0.0103	0.0087	0.0063
	株高/m	0.4	0.43	0.5	0.53	0.55	0.56
杨柴	叶面积/m^2	0.0044	0.0059	0.0077	0.0083	0.0079	0.0056
	株高/m	1	1.05	1.1	1.18	1.22	1.23
小叶锦鸡	叶面积/m^2	0.0087	0.0274	0.0327	0.0415	0.0405	0.0113
	株高/m	0.65	0.68	0.72	0.75	0.77	0.77

单一种固沙植物理论配置密度显示（表9.8）：在降水量充沛（485.3mm）的同一地貌部位，植被可利用有效土壤水分一定，沙丘可承受植物配置密度顺序为籽蒿＞油蒿＞杨柴＞小叶锦鸡＞沙柳；随着降水量的减少（348mm时），植被可利用有效土壤水分也减少，沙丘可承受的植物密度随之下降，在迎风坡与丘顶，籽蒿分别下降13.5%和44%，油蒿下降35%和56.5%，杨柴下降22.4%和43.5%，小叶锦鸡下降45.7%和65.9%，沙柳下降20.9%和47.5%，其中小叶锦鸡的密度下降幅度最大，因此沙丘可承受植物配置密度顺序变为籽蒿＞油蒿＞杨柴＞沙柳＞小叶锦鸡，说明研究区小叶锦鸡对降水量变化反应比较敏感。在相同的降水量条件下，迎风坡的植被可利用有效土壤水分高于丘顶，所有植物种类在迎风坡的配置密度均高于丘顶（与实地观测结果一致），其中籽蒿在两种地貌部位配置密度差异最大，其次是油蒿，杨柴最小。

单一种固沙植被覆盖度的估算结果显示（表9.8）：在降水量为348mm的情况下，油蒿与籽蒿植被的覆盖度大于33.78%，在降水量充沛（485.3mm）的条件下，两种蒿属植物覆盖度能达到90%，可以起到良好的风沙防治效果，但是从治沙植被高度、经济价值和景观美化方面来说，单一的油蒿或籽蒿植被用于城镇防风固沙并不是十分理想。沙柳虽然适于用作城镇风沙防治植物，但其植被覆盖度即使是在降水量充沛（485.3mm）的条件下仍然小于25%，说明单一的沙柳植被不能有效防止起尘起沙，必须和其他植物种以适当的比例混合栽植，才能既发挥防治风沙的功能，又满足风沙防治工程中高低搭配的原则，同时兼顾了城镇防沙植被经济价值较高与城镇景观美化的原则。

表9.8　单一种固沙植被的理论配置密度及盖度

Tab. 9.8　Theoretical density and coverage of planting about mono – plant vegetation for sand – fixing

降雨/mm	地貌部位	植被可利用有效土壤含水量/mm	植物种类	气孔阻力	合理配置密度/株/100m^2	植被盖度/%
485.3	迎风坡	102.61	油蒿	4.45	80	90.07
485.3	迎风坡	102.61	籽蒿	2.84	89	87.22
485.3	迎风坡	102.61	沙柳	6.7	43	24.50
485.3	迎风坡	102.61	杨柴	4.4	49	45.18
485.3	迎风坡	102.61	小叶锦鸡	7.88	46	52.42
485.3	丘顶	99.88	油蒿	4.45	69	77.68
485.3	丘顶	99.88	籽蒿	2.84	75	73.50
485.3	丘顶	99.88	沙柳	6.7	40	22.79
485.3	丘顶	99.88	杨柴	4.4	46	42.41
485.3	丘顶	99.88	小叶锦鸡	7.88	41	46.72
348	迎风坡	102.15	油蒿	6.27	52	58.54

续表

降雨/mm	地貌部位	植被可利用有效土壤含水量/mm	植物种类	气孔阻力	合理配置密度/株/$100m^2$	植被盖度/%
348	迎风坡	102.15	籽蒿	6.09	77	75.46
348	迎风坡	102.15	沙柳	8	34	19.37
348	迎风坡	102.15	杨柴	5.18	38	35.04
348	迎风坡	102.15	小叶锦鸡	8.64	25	28.49
348	丘顶	83.13	油蒿	6.27	30	33.78
348	丘顶	83.13	籽蒿	6.09	42	41.16
348	丘顶	83.13	沙柳	8	21	11.96
348	丘顶	83.13	杨柴	5.18	26	23.97
348	丘顶	83.13	小叶锦鸡	8.64	14	15.95

2.2　混合植被的理论配置密度及覆盖度

当沙柳与其他灌木植物种混合配置时，叶片总气孔阻力视为两种植物气孔并联时的阻力，经计算，沙柳与其余四种灌木植物混合配置的理论密度（表9.9）：杨柴+沙柳与小叶锦鸡+沙柳混合配置的密度均小于单一配置沙柳的密度，因此杨柴与小叶锦鸡不适合与沙柳混合配置；而油蒿+沙柳与籽蒿+沙柳混合配置的密度均大于单一配置沙柳的密度，说明油蒿或籽蒿与沙柳混合配置时，可以在保证一定沙柳密度的同时适当增加植被的覆盖度，达到风沙防治的目的。

表 9.9　混栽固沙植被的理论配置总密度

Tab. 9.9　Theoretical desnity of planting about multi – plant vegetation for sand – fixing

降雨/mm	地貌部位	植被可利用有效土壤含水量/mm	植被群落	合理配置密度/株/100m²
485.3	迎风坡	102.61	油蒿 + 沙柳	54
485.3	迎风坡	102.61	籽蒿 + 沙柳	69
485.3	迎风坡	102.61	杨柴 + 沙柳	27
485.3	迎风坡	102.61	小叶锦鸡 + 沙柳	30
485.3	丘顶	99.88	油蒿 + 沙柳	46
485.3	丘顶	99.88	籽蒿 + 沙柳	57
485.3	丘顶	99.88	杨柴 + 沙柳	24
485.3	丘顶	99.88	小叶锦鸡 + 沙柳	26
348	迎风坡	102.15	油蒿 + 沙柳	46
348	迎风坡	102.15	籽蒿 + 沙柳	55
348	迎风坡	102.15	杨柴 + 沙柳	26
348	迎风坡	102.15	小叶锦鸡 + 沙柳	25
348	丘顶	83.13	油蒿 + 沙柳	23
348	丘顶	83.13	籽蒿 + 沙柳	25
348	丘顶	83.13	杨柴 + 沙柳	15
348	丘顶	83.13	小叶锦鸡 + 沙柳	14

在所有条件下，混合植被中配置的沙柳密度需小于单一沙柳植被的配置密度，即降水量丰沛时，迎风坡配置的混合植被中，沙柳密度需小于 43 株/100m^2；丘顶配置的混合植被中，沙柳密度需小于 40 株/100m^2；在降水量正常的情况下，迎风坡配置的

混合植被中，沙柳密度需小于34 株/100m²，丘顶配置的混合植被中沙柳密度需小于21 株/100m²。混栽固沙植被中各植物种配置密度及混合植被覆盖度（表9.10）。

表9.10　混栽固沙植被中各植物种配置密度及混合植被覆盖度

Tab. 9.10　The density of species planting and vegetation coverage in mixed – vegetation for sand – fixing

降水量/mm	地貌部位	混合配置植物种	混合配置密度/株/100m²	沙柳所占比例/%	沙柳密度/株/100m²	混配植物密度/株/100m²	混合植被总盖度/%
485.3	迎风坡	油蒿	54	10	5	49	57.79
485.3	迎风坡	油蒿	54	20	11	43	54.79
485.3	迎风坡	油蒿	54	30	16	38	51.79
485.3	迎风坡	油蒿	54	40	22	32	48.78
485.3	迎风坡	油蒿	54	50	27	27	45.78
485.3	迎风坡	油蒿	54	60	32	22	42.78
485.3	迎风坡	油蒿	54	70	38	16	39.77
485.3	迎风坡	籽蒿	69	10	7	62	64.79
485.3	迎风坡	籽蒿	69	20	14	55	61.96
485.3	迎风坡	籽蒿	69	30	21	48	59.13
485.3	迎风坡	籽蒿	69	40	28	41	56.30
485.3	迎风坡	籽蒿	69	50	35	35	53.47
485.3	迎风坡	籽蒿	69	60	41	28	50.64
485.3	丘顶	油蒿	46	10	5	41	49.23
485.3	丘顶	油蒿	46	20	9	37	46.67
485.3	丘顶	油蒿	46	30	14	32	44.11

续表

降水量/mm	地貌部位	混合配置植物种	混合配置密度/株/100m²	沙柳所占比例/%	沙柳密度/株/100m²	混配植物密度/株/100m²	混合植被总盖度/%
485.3	丘顶	油蒿	46	40	18	28	41.56
485.3	丘顶	油蒿	46	50	23	23	39.00
485.3	丘顶	油蒿	46	60	28	18	36.44
485.3	丘顶	油蒿	46	70	32	14	33.88
485.3	丘顶	油蒿	46	80	37	9	31.32
485.3	丘顶	籽蒿	57	10	6	51	53.52
485.3	丘顶	籽蒿	57	20	11	46	51.18
485.3	丘顶	籽蒿	57	30	17	40	48.84
485.3	丘顶	籽蒿	57	40	23	34	46.51
485.3	丘顶	籽蒿	57	50	29	29	44.17
485.3	丘顶	籽蒿	57	60	34	23	41.83
348	迎风坡	油蒿	46	10	5	41	49.23
348	迎风坡	油蒿	46	20	9	37	46.67
348	迎风坡	油蒿	46	30	14	32	44.11
348	迎风坡	油蒿	46	40	18	28	41.56
348	迎风坡	油蒿	46	50	23	23	39.00
348	迎风坡	油蒿	46	60	28	18	36.44
348	迎风坡	油蒿	46	70	32	14	33.88
348	迎风坡	籽蒿	55	10	6	50	51.64
348	迎风坡	籽蒿	55	20	11	44	49.39
348	迎风坡	籽蒿	55	30	17	39	47.13

续表

降水量/mm	地貌部位	混合配置植物种	混合配置密度/株/100m²	沙柳所占比例/%	沙柳密度/株/100m²	混配植物密度/株/100m²	混合植被总盖度/%
348	迎风坡	籽蒿	55	40	22	33	44.87
348	迎风坡	籽蒿	55	50	28	28	42.62
348	迎风坡	籽蒿	55	60	33	22	40.36
348	丘顶	油蒿	23	10	2	21	24.62
348	丘顶	油蒿	23	20	5	18	23.34
348	丘顶	油蒿	23	30	7	16	22.06
348	丘顶	油蒿	23	40	9	14	20.78
348	丘顶	油蒿	23	50	12	12	19.50
348	丘顶	油蒿	23	60	14	9	18.22
348	丘顶	油蒿	23	70	16	7	16.94
348	丘顶	油蒿	23	80	18	5	15.66
348	丘顶	油蒿	23	90	21	2	14.38
348	丘顶	籽蒿	25	10	3	23	23.47
348	丘顶	籽蒿	25	20	5	20	22.45
348	丘顶	籽蒿	25	30	8	18	21.42
348	丘顶	籽蒿	25	40	10	15	20.40
348	丘顶	籽蒿	25	50	13	13	19.37
348	丘顶	籽蒿	25	60	15	10	18.35
348	丘顶	籽蒿	25	70	18	8	17.32
348	丘顶	籽蒿	25	80	20	5	16.29
348	丘顶	籽蒿	25	84	21	0	11.96

2.3　植被配置行间距

在正常降水量的条件下（降水量为348mm），沙柳与其他灌木植物种混合配置时，沙柳平均株高为2m，有效防护距离至少为5倍株高，即10m，因此在长47.4m、面积6534.9m^2的流动沙丘迎风坡上按10m、15m、20m的行间距配置沙柳，沙柳株距采用野外调查平均值1.5m，沙柳的密度分别为7株/100m^2、5株/100m^2、4株/100m^2，沙柳+油蒿混合配置时，可分别配置油蒿39株/100m^2、41株/100m^2、42株/100m^2，株行距约1×2.5m，植被盖度分别为47.89%、49.00%、49.56%。沙柳+籽蒿混合配置时，可分别配置籽蒿48株/100m^2、50株/100m^2、51株/100m^2，株行距约1×2m，植被盖度分别为51.02%、51.85%、52.26%（表9.11）；在丘顶，混合植被盖度均小于25%，因此宜采种植纯油蒿或纯籽蒿植被配置来达到较高的植被覆盖度，在丘顶可单一配置油蒿密度30株/100m^2，株行距约1.6×2m，此时植被盖度33.78%，如果单一配置籽蒿，可配置密度42株/100m^2，株行距约1.2×2m，此时植被盖度41.16%。

表9.11　固沙植被配置株行距及植被覆盖度

Tab. 9.11 The space and coverage of sand – fixing vegetation

地貌部位	植被群落	沙柳行距/m	沙柳株距/m	油蒿/籽蒿行距/m	油蒿/籽蒿株距/m	植被盖度/%	备注
迎风坡	沙柳+油蒿	10	1.5	1	2.5	47.89%	建议方案1
	沙柳+油蒿	15	1.5	1	2.5	49.00%	
	沙柳+油蒿	20	1.5	1	2.5	49.56%	
	沙柳+籽蒿	10	1.5	1	2	51.02%	建议方案2
	沙柳+籽蒿	15	1.5	1	2	51.85%	
	沙柳+籽蒿	20	1.5	1	2	52.26%	

续表

地貌部位	植被群落	沙柳行距/m	沙柳株距/m	油蒿/籽蒿行距/m	油蒿/籽蒿株距/m	植被盖度/%	备注
丘顶	油蒿	/	/	2	1.6	33.78%	建议方案1
	籽蒿	/	/	2	1.2	41.16%	建议方案2

3 丘间低地植被建设与利用

丘间低地土壤含水量较高，植被配置密度不受土壤含水量限制，因此可依据提高城镇周边土壤利用效率的原则，种植部分经济价值较高、适应当地水分条件生长的植物，如沙棘、枸杞(Lycium chinense)、苜蓿等。根据已有研究结果，沙棘配置株行距宜采用1×1m，枸杞配置株行距宜采用1×1.5m，苜蓿播种行距宜采用0.3m[320-322]。

4 沙丘植被密度配置分析

研究区近50年平均降水量为345mm，用年降水量348mm计算出的治沙植被配置密度可视为适合该区域植被恢复的正常配置密度；2007年降水量485.3mm，是50年中排名第四的丰水年，用年降水量485.3mm计算出的治沙植被配置密度可视为该区域植被密度设计的最大值。

不同地貌部位土壤有效水含量顺序为：丘间低地>迎风坡>丘顶>背风坡，丘间低地土壤有效水含量充裕，植被密度不受水分条件限制，而背风坡土壤有效水含量为负值，不具备种植植被的水分条件，因此基于土壤水分平衡的固沙植被密度计算工作主要针对迎风坡和丘顶两种地貌部位来展开，迎风坡植被可利用有效土壤水分高于丘顶，因此，所有植物种在迎风坡的理论配置密度均大于丘顶。

配置单一植物种时，降水量充沛的情况下，沙丘可承受植物配置密度顺序为籽蒿 > 油蒿 > 杨柴 > 小叶锦鸡 > 沙柳；正常降水量的情况下，沙丘可承受植物配置密度顺序为籽蒿 > 油蒿 > 杨柴 > 沙柳 > 小叶锦鸡。通过植被密度与盖度的转换可见，仅配置单一植物种很难同时满足城镇周边防沙植被的四个要求——良好的风沙防治效果、较高的经济价值、景观美化作用和相对较远的防护距离。因此嘎鲁图镇周边的防风固沙植被，在水分条件允许的情况下，可以将沙柳和其他植物种以适当的比例混合栽植，才能既发挥风沙防治的功能，又满足治沙工程中高低搭配的要求，并且兼顾了城镇防沙植被经济价值较高与城镇景观美化的原则。

在正常降水量的条件下（348mm），流动沙丘丘间低地土壤含水量较高，植被配置密度不受土壤含水量限制，因此可依据提高城镇周边土壤利用效率的原则，种植部分经济价值较高、适应当地水分条件生长的植物，如沙棘、枸杞、苜蓿等；丘迎风坡，宜采用沙柳与其他灌木植物种混合配置，考虑到沙柳的有效防护距离不低于10m，可采用沙柳行距10m；沙丘丘顶，适宜采单一油蒿或单一籽蒿植被配置；背风坡不宜配置植被。因此，产生两套配置方案，并建议采纳方案一。

方案一：丘间低地沙棘配置株行距1×1m，枸杞配置株行距1×1.5m，苜蓿播种行距0.3m；迎风坡沙柳与油蒿混合配置，沙柳密度7株/100m^2，株行距1.5×10m，油蒿密度39株/100m^2，株行距约1×2.5m，植被盖度可达47.89%；丘顶单一配置油蒿密度30株/100m^2，株行距约1.6×2m，植被盖度33.78%；背风坡不配置植被。

方案二：丘间低地沙棘配置株行距1×1m，枸杞配置株行距

1×1.5m，苜蓿播种行距 0.3m；迎风坡沙柳与籽蒿混合配置，沙柳密度 7 株/100m^2，株行距 1.5×10m，籽蒿密度 48 株/100m^2，株行距约 1×2m，植被盖度可达 51.02%；丘顶单一配置籽蒿密度 42 株/100m^2，株行距约 1.2×2m，植被盖度 41.16%；背风坡不配置植被。由于籽蒿是流动沙丘上的先锋植物种，而油蒿是当地优势植物种。考虑到防沙治沙植被的稳定性，尽管该方案的植被盖度较方案一高，但方案一作为第一优选方案更具合理性。

第十章　主要结果与讨论

风沙灾害一直是我国半干旱区城镇主要的自然灾害之一，严重影响人们的居住环境、生活条件和身体健康状况，城镇作为区域性的经济、文化和政治中心，已经成为沙区风沙灾害防治与人居环境改善的研究重点，但目前国内外防沙工程设计多集中在铁路、公路防护上，关于居民点特别是城镇防沙工程的研究比较少见。城镇风沙灾害最有效和最经济的防治措施就是植被的恢复与重建，此项工作不仅是生态建设的需要，而且能创造一定的社会与经济效益，切实体现环境与经济相协调的可持续发展战略。本书以内蒙古自治区乌审旗为例，采用野外调查、定点观测、人工控制条件实验等方法采集基础数据，从生态学和植物生理生态学两方面，结合该区域气象条件，筛选出适合当地植被恢复重建的植物种，为植被恢复的选种提供科学依据，并利用土壤—植被—大气系统的水分平衡关系，定量计算了适合该区域各种不同地貌部位的植被配置密度，结合野外观测植被生长状况和前人的研究成果，提出了植被恢复的优化配置模式。

1 主要结论

1.1 植被群落结构特征

目前，嘎鲁图镇周边的防风固沙植被体系由公路两侧人工防护植被+自然植被共同构成，主要植被类型可分为落叶阔叶林植被、沙生植被和低湿地植被三类，沙生植被是该区最有代表性和分布最广的植被类型，其中沙柳群落和油蒿群落居多，常见种有沙柳、油蒿、杨柴、籽蒿、沙竹、沙芦苇、小叶锦鸡、沙米、虫实、小画眉草、牛心朴子等，通过重要值计算，可认为研究区内主要的优势灌木植物种为油蒿和沙柳。

嘎鲁图镇周边沙生灌木植被覆盖度随季节和地貌部位的变化波动，在植物生长特性和降水量的双重影响下，植被从5月开始萌发，覆盖度逐渐上升，到7月下旬左右达到最大值，随后逐渐下降；沙生植被覆盖度的空间差异表现为固定沙丘（柳蒿混生）>固定沙丘（纯蒿）>半固定沙丘，丘间低地>迎风坡>丘顶>背风坡，植被覆盖度随季节和地貌部位的变化直接影响固定沙丘、半固定沙丘土壤水分的时空分布，掌握其分布规律是植被恢复与重建工作的基础。

从整个研究区植被类型和群落结构来看，区域植被较为单一，植物的经济产出有限；从植被盖度时空分布特征来看，丘间低地虽然具备有利于植被生长的自然条件，植被覆盖度较高，但没有得到充分利用，造成城镇周边土地资源的浪费，因此针对嘎鲁图镇周边防风固沙的植被还需恢复和重建。

1.2　沙丘土壤水分

研究区沙丘土壤含水量时间波动分为四个阶段：春季积累期、水分消耗期、秋季积累期、稳定期；流动沙丘土壤平均含水量情况受降水量影响较大，表现为秋季积累期 > 春季积累期 > 消耗期 > 稳定期，而固定沙丘、半固定沙丘土壤平均含水量情况受降水量和植被双重影响，表现为：秋季积累期 > 春季积累期 > 稳定期 > 水分消耗期。该区春季沙丘土壤水分上升，对植被萌发有益，夏季虽然地表蒸散量加大，但降雨集中，沙丘土壤水分含量也增加，有利于植被的生长发育，从研究区沙丘土壤水分季节分布规律来看，有利于植被重建恢复工作的开展。

研究区沙丘土壤含水量空间分布趋势表现为：（1）流动沙丘 > 半固定沙丘 > 固定沙丘（纯蒿） > 固定沙丘（柳蒿混生），流动沙丘由于干沙层的阻隔，可以有效保存大气降雨，土壤含水量最高时可达到 5.25%，满足油蒿和沙柳生长的土壤含水量（3%—6%），因此可以采用油蒿和沙柳对其进行植被恢复工作。（2）沙丘土壤水分垂直变化可分为：土壤水分速变层、土壤水分活跃层和土壤水分相对稳定层三个层次，流动沙丘的三个层次分布 0—20cm，20—80cm 和 80—200cm 处，在油蒿和沙柳主根系分布区 1—2m 范围内土壤水分稳定，均大于 3.5%，有利于这两种灌木植物的生长；固定沙丘、半固定沙丘由于植物根系的影响，土壤水分活跃层跨度加大，从 20—130cm，超过 130cm 以下的土壤层含水量才趋于稳定。（3）从地貌部位看，流动沙丘土壤含水量表现为背风坡 < 丘顶 < 迎风坡 < 丘间低地，而固定沙丘、半固定沙丘三种沙丘类型表现为背风坡 < 迎风坡 < 丘顶 < 丘间低地，可能与植被覆盖度分布相关。背风坡土壤含水量相对较低，2008 年 5—7 月底，流动沙丘背风坡土壤含水量都在

1.31%—1.84%，接近植物凋萎系数1.74%，因此不宜在其上进行植被恢复工作，丘间低地由于受到地下水的影响，土壤水分含量很高，在17%左右，因此对丘间低地的植被恢复密度设计几乎不受土壤水分的影响。

城镇防沙植被的恢复与重建工作，应该在考虑当地土壤水分条件的前提下，尽量多配置可产生较大防护距离和经济效益的植物种，同时兼顾城镇景观美化的原则。嘎鲁图镇周边的沙丘土壤水分条件适于沙柳的生长；并且沙柳植株平均高度在2.0—2.5m，防护距离可达10—15m，能有效阻截城镇周边20—30km范围外的沙尘，对降低城镇内部风沙灾害程度效果较好；其次，沙柳也是柳编、造纸、发电等产业的原材料，具有较高的经济价值；再次，在城镇周边治沙植被中配置沙柳既能够满足防沙治沙工程中植物高低搭配的原则，又能美化城镇周边景观；所以在嘎鲁图镇周边的防沙治沙植被中可以考虑多配置沙柳。

1.3　优势植物种生长与降水的关系

在人工控制水分实验的条件下，两种优势灌木植物的生长和生理特征都表明：施水量为150mm时，植株幼苗受到严重干旱胁迫，但仍有生命指征，250mm施水量可以维持植株幼苗的生长需要，350mm及以上施水量时植株幼苗生长旺盛，350mm更是油蒿最适生长的施水量；研究区近50年（1958—2008年）年平均降水量为345mm，年降水量小于150mm的情况只出现过一次，86%的年份降水量都大于250mm，50%的年份降水量大于350mm，说明研究区大部分降雨情况都能满足这两种灌木植物的生长需求，50%年份的降水量可以达到油蒿和沙柳旺盛生长的要求，因此这两种优势灌木植物适应当地降水量条件，可以用作当地防沙治沙的植物种。

在施水量相同的情况下，沙柳的日平均 Pn 大于油蒿，说明在降水量相同的情况下，沙柳能产生更高的地面生物量；施水量的上升能有效提高沙柳的株高，说明沙柳能产生更远的沙尘防护距离；同时沙柳可以做柳编、造纸、发电等产业的原材料，具有较高的经济价值，因此是一种更适合用于嘎鲁图镇周边防风固沙的植物种。

野外自然条件下，除降水量 348mm 时，背风坡上生长的油蒿 Pn 呈双峰，Pn 和 E 日平均值较低，表现出干旱胁迫的生理特征，其余地貌部位条件下，这两种灌木植物 Pn 和 E 日变化曲线都呈单峰，并保持了相对较高的日平均值，表现出良好的生理生态生长指标和对迎风坡、丘顶、丘间低地三种地貌部位的适应机制，两种灌木植物 Pn 和 E 日平均值排序为丘间低地 > 丘顶 > 迎风坡 > 背风坡，说明研究区内沙丘迎风坡、丘顶、丘间低地三种地貌部位均适宜进行植被恢复工作，尤其是水分条件较好的丘间低地，但背风坡不宜作为植被恢复工作的重点区域。

1.4　基于土壤水分平衡的植被配置

通过嘎鲁图镇近 50 年平均降水量资料分析，用年降水量 348mm 所计算出的治沙植被配置密度可视为适合该区域植被恢复的正常配置密度；用年降水量 485.3mm 所计算出的治沙植被配置密度可视为该区域植被密度设计的最大值。

不同地貌部位土壤有效水含量顺序为丘间低地 > 迎风坡 > 丘顶 > 背风坡，丘间低地土壤有效水含量充裕，植被密度不受水分条件限制，而背风坡土壤有效水含量为负值，不具备种植植被的水分条件，因此基于土壤水分平衡的固沙植被密度计算工作主要针对迎风坡和丘顶两种地貌部位来展开，迎风坡植被可利用有效土壤水分高于丘顶，因此，所有植物种在迎风坡的理论配置密度均大于丘顶。

配置单一植物种很难同时满足城镇周边防沙植被的四个要求，因此嘎鲁图镇周边有的防风固沙植被需用沙柳和其他植物种以适当的比例混合栽植，才能在当地土壤水分条件有限的情况下，既发挥风沙防治的功能，又满足治沙工程中高低搭配的要求，并且兼顾了城镇防沙植被经济价值较高与城镇景观美化的原则。理想的城镇防沙治沙植被重建模式为：在流动沙丘丘间低地沙棘配置株行距 1×1m，枸杞配置株行距 1×1.5m，苜蓿播种行距 0.3m；迎风坡沙柳与油蒿混合配置，油蒿密度 39 株/100m^2，株行距约 1×2.5m，沙柳密度 7 株/100m^2，株行距 1.5×10m，植被盖度可达 47.89%；丘顶单一配置油蒿密度 30 株/100m^2，株行距约 1.6×2m，植被盖度 33.78%；背风坡不配置植被。

2　讨论

本书首先充分考虑了城镇周边防沙治沙的需求，不仅保证城镇周边植被的防风固沙效果，而且采用高低结合的混合植被配置，对城镇周边 20—30km 范围的沙尘进行有效阻截，同时满足城镇周边景观美化的要求。其次考虑到城镇人口相对密集，需要尽可能利用周边土地种植农副产品，满足人们生活需求，提高土地利用效率，因此提出充分利用丘间低地种植经济作物，为畜牧业和加工业发展服务，同时在理论计算的基础上对沙丘提出科学利用方案。

目前对半干旱区防风固沙植被的恢复与重建还没有很好的模式，本书在土壤—植被—大气系统的水分平衡的基础上，采用乌审旗气象站气象数据和测量的植物气孔导度，采用 Penman - Monteith 冠层蒸发量方程计算样地的植被蒸发量，通过土壤水分平衡求得地表蒸发量，这样的模型计算结果不十分精确，但目前还未见更有效的方法将野外大面积植被蒸发量与地表蒸发量截然分开。通过计算我们可以发现，计算结果和人们的现有认识是完全一致的：在地表蒸散过程中，地表蒸发量大于植被蒸腾量，水分主要是通过土壤蒸发到空气中的，植物蒸腾只占地表蒸散的少部分；土壤蒸发量随裸露地面积的增加而增大；丘间低地由于受浅层地下水影响，可被植物利用的水分充裕，植被密度不受水分条件限制，而背风坡土壤有效水含量为负值，不具备种植植被的水分条件。本书仅在植被恢复与重建的选种与密度配置模式方面作了一次初步尝试，是仅基于现有资料和目前认识的尝试性探讨，其可行性还需要作进一步的验证。

本项研究中采用了2007—2008年持续两年的野外观测数据，2007年是该区降水量丰水年，2008年是该区降水量平均年，目前的研究结果虽有一定代表性，但若要清晰、全面反映研究区水分平衡规律，最好从植被、土壤、大气、水体等方面，对研究区的生态环境开展连续性的长期监测，这样才能更好地为地方防沙治沙植被恢复与重建提供依据。

总之，本书提出的治沙植被选种与合理密度配置模式在治沙植被恢复与重建方面起到了应有的作用，今后应加强以下研究：一是进一步完善水分平衡计算模型；二是对研究区的生态环境开展连续性的长期监测，如果能够加强这两方面的研究，将会使成果更令人信服。

参考文献

［1］陈广庭．沙害防治技术［M］．北京：化学工业出版社，2004：231－232，233－236，256.

［2］刘子林，刘晓丽，毕旭．榆林沙尘暴天气的气候特征及其对策［J］．陕西气象，2002（5）：7－9.

［3］杨万钟．经济地理学导论［M］．上海：华东师范大学出版社，1992. 173.

［4］胡国亮．城市可持续发展与城市政府职能［J］．中国人口资源与环境．1999，9（1）：14－17.

［5］金磊．城市灾害学原理［M］．北京：气象出版社，1997.

［6］黄建民，徐之华．气候变化与自然灾害［M］．北京：气象出版社，2005. 62.

［7］吴正．风沙地貌与治沙工程学［M］．北京：科学出版社，2003.

［8］刘媖心，黄兆华主编．植物治沙与草原治理［M］．兰州：甘肃文化出版社，2000.

［9］朱震达，赵兴梁，凌裕泉，等．治沙工程学［M］．北京：中国环境科学出版社，1998.

［10］巴巴耶夫 A. Г. 胡孟春译．苏联荒漠流沙的固定［M］．北京：海洋出版社，2001.

［11］彼得洛夫，M. П. 徐国溢等译．流沙的固定［M］．

北京：中国林业出版社，1960. 298.

[12] 赵性存，潘必文．风沙对铁路危害及其防治措施[J]．地理，1965 (1)：13 -17.

[13] 李鸣冈．铁路两侧流沙固定的原则和措施．流沙治理研究 [M]．银川：宁夏人民出版社，1980，27 -48.

[14] 马世威．风沙流结构研究 [J]．中国沙漠，1988，8 (3)：8 -21.

[15] 马玉明．风沙流结构的研究 [J]．中国沙漠，1988，8 (3)：8 -22.

[16] 刘贤万．实验风沙物理与风沙工程学 [M]．北京：科学出版社，1995.

[17] 程道远．国外化学固沙简介 [J]．世界沙漠研究，1980 (1)：33 -37.

[18] 曹长春，白彤．乌审旗沙漠化综合治理措施 [J]．内蒙古林业，1999，(1)：32

[19] 曹长春．乌审旗沙漠化土地危害及其治理措施 [J]．内蒙古林业调查设计，1996，(4)：126 -128.

[20] Burke A. Determining landscape function and ecosystem dynamics：contribution to ecological restoration in the southern Namib desert. Ambio [J], 2001, 30 (1)：29 -36.

[21] 黄建辉，韩兴国．生物多样性和生态系统稳定性．生物多样性 [J]；1995，3 (1)：31 -37.

[22] 宋云民．毛乌素沙地主要树种水分特征及植被恢复模式研究 [D]．中南林业科技大学，2006.

[23] Moerke Ashley H. , Lamberti Gary A. Restoring Stream Ecosystems：Lessons from a Midwestern State. Restoration Ecology [J], 2004, 12 (3)：327 -334.

[24] 包维楷，陈庆恒．退化山地植被恢复和重建的基本理论

和方法．长江流域资源与环境［J］，1998，7（4）：370－377.

［25］刘庆．青藏高原东部（川西）生态脆弱带恢复与重建研究进展．资源科学［J］，1999；21（5）：81－84.

［26］刘照光，吴宁．长江上游护防林与流域生态环境战略建设．长江流域资源与环境［J］，1993，2（1）：67－74.

［27］宋云民，毛乌素沙地主要树种水分特征及植被恢复模式研究［D］．湖南：中南林业大学，2006.

［28］蒋德明，李雪华．内蒙古农牧业经济可持续发展与生态建设对策［J］．应用生态报，2001，11（6）：908－913.

［29］加也里．论沙地造林与水分关系［M］．赵兴梁译．北京：北京科学出版社，1958.

［30］Moshe，Shachak. Sabannization－an integration of ecological theory，experimental approach and successful landscape management in the Negevdeseart［J］. Journal of Arid Environments，1995，10（1）：113－115.

［31］Bonlkamm R. Flora and vegetation of some small oasisin Egypt［J］. hytocoenologia，1986，14（2）：275－284.

［32］Abdulkasimov. Zonal differentiation and structure of oasis landseape in Central Asia［J］. MapPing Seiences and Remote Sensing，1991，28（1）：77－89.

［33］Eckart Ehlers，Marburg. 濒于毁灭的伊朗中部绿洲—论其原因与后果［J］．世界沙漠研究，1981，2，12－13.

［34］原胜（日）．海岸防沙造林［M］．中国林业出版社，1958.

［35］朱震达，陈广庭．中国土地沙质荒漠化［M］．北京：科学出版社，1994.

［36］孙保平主编．荒漠化防治工程学［M］．北京：中国林业出版社，2000.

[37] 中国科学院寒区旱区环境与工程研究所沙坡头沙漠实验研究站. 中国沙漠研究与治理50年 [M]. 北京: 海洋出版社, 2005.

[38] 朱俊风, 朱震达. 中国沙漠化防治 [M]. 北京: 中国林业出版社, 1999, 20 (4): 363-368.

[39] 赵哈林, 赵学勇, 张铜会等. 科尔沁沙地沙漠化过程及其恢复机理 [M]. 北京: 海洋出版社, 2003.

[40] 董光荣, 金炯, 邵立业, 等. 西藏阿里狮泉河镇风沙整治的调查、规划与设计 [R]. 1991.

[41] 邹学勇, 靳鹤龄, 张春来, 等. 西藏阿里狮泉河盆地第二期治沙工程设计 [R]. 1998.

[42] 王贵勇, 邹学勇, 张春来, 等. 西藏阿里狮泉河第三期治沙工程施工设计 [R]. 2002.

[43] 邹学勇, 张春来, 程宏, 等. 西藏阿里狮泉河第四、五期治沙工程施工设计 [R]. 2004.

[44] Zhang C-L, Zou X-Y, Cheng H, etal. Engineering measures to control windblown sand in Shiquanhe Town, Tibet [J]. Journal of Wind Engineering and Industrial Aerodynamics, 2007, (95): 53-70.

[45] 王升堂. 极端高寒干旱区城镇防沙的理论与实践——以西藏狮泉河镇为例 [D]. 北京: 北京师范大学, 2006.

[46] 中国可持续发展林业战略研究项目组. 中国可持续发展林业战略研究 (战略卷) [M]. 北京: 中国林业出版社, 2003: 200-201.

[47] 邹学勇. 北京延庆可持续发展防沙治沙示范区建设(技术报告) [R]. 2006.

[48] 胡宏飞. 榆林沙区生态农业优化模式研究 [J]. 中国水土保持, 2003, (8): 22-23.

[49] 刘志仁. 陕西榆林荒漠化防治的困境与路径选择[J]. 西北大学学报（自然科学版），2007，37（4）：657-660.

[50] 高国雄，高宝山，杨文杰，等. 毛乌素榆林沙地农林复合经营模式与效益研究[J]. 水土保持通报，2007，27（1）：117-121.

[51] 王树力. 赤峰市沙化土地结构与动态研究[J]. 水土保持学报，2006，20（4）：156-159.

[52] 赵延治. 基于土壤风蚀控制的北京市土地利用优化模式[D]. 北京：北京师范大学，2006.

[53] 全占军. 人工灌草复合植被水热及CO2通量模拟研究——以北京市延庆县北张庄示范区为例[D]. 北京：北京师范大学，2005.

[54] 房志玲. 环境因子对三种人工种植中药材品质的影响[D]. 北京：北京师范大学，2005.

[55] 朱震达. 三十年来中国沙漠研究的进展[J]. 地理学报，1979，34（4）：305-313.

[56] 张铜会，赵哈林. 科尔沁沙地采用人工植被对流沙治理的技术[J]. 中国沙漠，2000，20（增刊）：48-52.

[57] 继和，马全林，刘虎俊，等. 旱区沙漠化土地逆转植被的防风治沙效益研究[J]. 中国沙漠，2006，26，（6）：903-909.

[58] 廖次远，蒋谨，钱太涛. 治沙植物种的选择及其特性的研究. 腾格里沙漠沙坡头地区流沙治理研究[M]. 宁夏人民出版社，1980.

[59] 张奎壁，邹受益. 治沙原理与技术[M]. 北京：中国林业出版社，1989. 35-44.

[60] 甘肃省科技厅. 荒漠化防治与治沙技术[M]. 兰州：甘肃人民出版社，2001. 140.

[61] 甘肃省民勤治沙综合试验站．甘肃沙漠与治理[M]．兰州：甘肃人民出版社，1975，66－95，127－137.

[62] 任宇．植被建设是防沙治沙工程的有效措施 [J]．山西水利，2006，5：22－23.

[63] 姚洪林，廖茂彩．毛乌素流动沙地适宜植被覆盖度研究 [C]．中国治沙暨沙产业学会论文集 [M]．北京：北京师范人学出版社，1995.

[64] 闫兴富．柠条的繁殖体及其在荒漠植被恢复中的作用 [J]．内蒙古林业科技，2007，33 (2)：23－27.

[65] Esler K. J, Phillips N. Experimental effects of water stress on semi－arid Karoo seedlings: implications forfield seedling survivorship [J]. Journal of Arid Environments, 1994, 26: 325－337.

[66] Nathan R, Mauller－landau H C. Spatial patterns of seed dispersal, their determinants and consequences for recruitment [J]. Trends in Ecology and Evolution, 2000, 15: 278－285.

[67] 黄兆华，刘瑛心．我国沙区蒿属植物的特性及应用 [J]．干旱区资源与环境，1991，5 (1)：25－30.

[68] 蒋林，林有润．中国蒿属植物比较形态学和解剖学研究 [J]．植物研究：1993，13 (4)．

[69] 王立群，陈世璜．黑沙蒿生态生物学特性及群落地理分布规律相关性研究 [J]．干旱区资源和环境，2002，16 (4)：95－98.

[70] 翁国盛，赵立群．荒漠植物生物学特性研究 [J]．防护林科技，2006，5：46－50.

[71] 王铁娟，杨持，马静，等．籽蒿的地理分布与遗传分化 [J]．植物生态学报，2005，29 (1)：122－127.

[72] 高明刚，杨军，陈月德．杨柴的生理特性及应用的调查分析 [J]．吉林林业科技，2000，29 (4)：36－45.

［73］刘海江，郭柯．沙埋对中间锦鸡儿幼苗生长发育的影响［J］．生态学报，2005，25（10）：2550－2555.

［74］郑明清，郑元润，姜联合．毛乌素沙地 4 种沙生植物种子萌发及出苗对沙埋及单次供水的响应［J］．生态学报，2006，26（8）：2747－2484.

［75］Zhang J H & Maun M A. Effects of sand burial on seed germination, seedling emergence, survival and growth of A gropyron psammop hilum［J］. Can. J. Bot. , 1990, 68: 304－310.

［76］Zhang C Y , Yu F H, Dong M. Effects of sand burial on the survival, growth, and biomass allocation in semi－shrub Hedysarum leave seedlings［J］. Acta Botanica Sinica, 2002, 44（3）: 337－34.

［77］Cheplick G P & Grandstaff K. Effects of sand burial on purple sandgrass（Triplasispurpurea）: the significance of seed heteromorphism［J］. Plant Ecology, 1997, 133: 79－89.

［78］Zhang J H. Interactive effects of soil nutrients, moisture and sand burial on the development, physiology, biomass and fitness of Cakileedentula［J］. Annal of Botany, 1996, 78: 591－598.

［79］Greipsson S & Davy A J. Sand accretion and salinity as constraints on the establishment of Leymus arenarius of landreclamation in Iceland［J］. Annals of Botany, 1996, 78: 611－618.

［80］王文明．沙野“摇钱草”——蒿籽［J］．内蒙古林业，2001，8：30.

［81］孔丽娟．一种优良的治沙植物——沙木蓼［J］．林业科技通讯，2001. 10：18.

［82］赛音吉雅，张连义，安永亮．大力推广优良豆科牧草——杨柴［J］．内蒙古草业，2001，13（4）：62－63.

［83］何维明，张新时．水分共享在毛乌素沙地 4 种灌木根系

中的存在状况［J］. 植物生态学报，2001，25（5）630－633.

［84］黄富祥，高琼. 毛乌素沙地不同防风材料降低风速效应的比较［J］. 水土保持学报，2001，15（1）：27－38.

［85］凌裕泉，屈建军，金炯. 稀疏天然植被对输沙量的影响［J］. 中国沙漠，2003，23，（1）：12－17.

［86］王继和，马全林，刘虎俊，等. 干旱区沙漠化土地逆转植被的防风治沙效益研究［J］. 中国沙漠，2006，26，（6）：903－909.

［87］Wo1fe，S. A. & W G. Nickling. The protective role of sparse vegetation in wind erosion［J］. Progress on Physical Geography，1993，17：50－68.

［88］Chepil W S，Woodruff N P，Siddoway F H，et a1. Vegetative and nonvegetative materials to control wind and water erosion［J］. Soil Sei. Soc. Am. Proc.，1963，27（1）：86－89.

［89］Wasson R J，Nanninga P M. Estimating wind transport sand on vegetated surface［J］. Earth Surface Processes and Land－forms，1986，11：505－514.

［90］Stephen A W，Njckling W G. The protective role of sparse vegetation in wind erosion［J］. Progress in Physical Geography，1993，17（1）：50－68.

［91］马士龙，丁国栋，罗俊宝，等. 沙蒿植被粗糙度动力学特性的检验与研究［J］. 水土保持研究，2006，13（1）：86－88.

［92］于春堂，杨晓辉，李朝生. 沙漠—河岸过渡带不同天然植被群落类型防风效应评估［J］. 水土保持研究，2006，13，（1）：118－132.

［93］王应刚. 生态失调机理与修复方法［M］. 北京：气象出版社，2006.

[94] Whittaker R H, Levin S A. The role of mosaic phenomena in natural communities [J]. Theo retical Population Biology, 1977, 12: 117 - 139.

[95] Odum E. P. The stratagy of ecosystem development [J]. Science, 1969, 164: 262 - 270.

[96] 孙书存，包维楷．恢复生态学 [M]．北京：化学工业出版社，2005.

[97] Prach K, Prsek P, Smilauer P. Changes in species types during succession: a search for pattern [J]. Oikos, 1997, 79: 201 - 205.

[98] Prach K, Prsek P, Smilauer P. Predition of vegetation succession in human - disturbed habitats using an expert system [J]. Restoration Ecology, 1999, 7 (1): 15 - 23.

[99] 赵哈林．科尔沁沙地两种主要群落的沙漠化演替特征 [J]．中国沙漠，1983, 13 (3): 103 - 108.

[100] 王庆锁．油蒿群落不同演替阶段某些群落特征的研究 [J]．植物生态学报，1997, 21 (6): 531 - 538.

[101] 张龙生．毛乌素沙地东南部人工植被演替研究[J]．中国沙漠，1994, 14 (1): 79 - 82.

[102] 刘玉平．毛乌素沙地飞播植被演替研究 [J]．中国草地，1996, (4): 24 - 27.

[103] 郭柯．毛乌素沙地油蒿群落的循环演替 [J]．植物生态学报，2000, 24 (2): 243 - 247.

[104] 赵丽娅，赵哈林．我国沙漠化过程中的植被演替研究概述 [J]．中国沙漠，2000, 20 (增刊): 7 - 14.

[105] 沈渭寿．毛乌素沙地飞播植被演替的阶段与速度 [J]．林业科学，1999, 35 (3): 103 - 108.

[106] 刘凤红，刘建，董鸣．鄂尔多斯高原沙地植被和两种

优势克隆半灌木的空间格局［J］．生态学报，2004，24（11）：2374－2381.

［107］刘凤红，刘建，董鸣．毛乌素沙地优势克隆半灌木生物量配置对小尺度植被盖度变异的响应［J］．生态学报，2005，25（12）：3415－3419.

［108］兰州沙漠所沙坡头沙漠科学研究站著．包兰铁路沙坡头段治沙原理与措施［M］．银川：宁夏人民出版社，1991.

［109］赵从举，康慕谊，徐广才，等．非灌溉条件下不同年龄梭梭蒸腾耗水比较［J］．干旱区研究，2006，23（2）：295－301.

［110］苏宏斌，赵眠阳．干旱黄土区造林地土壤水分对植物根系分布的影响研究［J］．林业实用技术，2006，1：19－23.

［111］张志红．杨柴、籽蒿、沙打旺幼苗根系生长特性的观察［J］．内蒙古林业调查设计，2002，25：85－87.

［112］包俊，江刘芳．植物群落蒸散耗水量研究进展［J］．内蒙古环境保护，2005，17（1）：58－60.

［113］张劲松，孟平，尹昌君．植物蒸散耗水量计算方法综述［J］．世界林业研究，2001，14（2）：23－28.

［114］茹桃勤，李吉跃，孔令省，等．耗水研究进展［J］．水土保持研究，2005，12（2）：135－140.

［115］Bormann H, et al. Effects of data availability on estimation of evapotranspiration［J］. Physics and Chemistry of the Earth, 1996, 21（3）：171－175.

［116］Massman W J. A surface energy balance method for partitioning evapotranspiration data into plant and soil components for a surface with partial canopy cover［J］. Water Resource Research, 1992, 28：1273－1232.

［117］Shuttleworth W J. Below－canopy fluxes in a simplified

one – dimensional theoretical description of the vegetation – atmosphere interaction [J]. Boundary – layer Meteorol, 1979, 17: 315 – 331.

[118] Yamanaka T, et al. Evapotranspiration beneath the soil surface: some observational evidence and numerical experiments [J]. Hydrological Process, 1998, 12 (13/14): 2193 – 2203.

[119] 魏天兴. 晋西南黄土区刺槐油松林地耗水规律研究 [J]. 北京林业大学学报, 1998, 20 (4): 36 – 40.

[120] 朱永华, 仵彦卿. 干旱荒漠区植物的耗水规律 [J]. 水土保持通报, 2003, 23 (4): 43 – 45.

[121] 宋云民, 包哈申. 毛乌素沙地沙柳、乌柳及旱柳蒸腾耗水变化规律的研究 [J]. 林业实用技术, 2006, 5: 47 – 51.

[122] 赵萍, 孙向阳, 黄利江, 等. 毛乌素沙地 SPAC 系统中各部分水分状况及其关系的研究 [J]. 生态环境, 2004, 13 (3): 365 – 368.

[123] 阿拉木萨, 慈龙骏, 杨晓晖, 等. 科尔沁沙地不同密度小叶锦鸡儿灌丛水量平衡研究 [J]. 应用生态学报, 2006, 17 (1): 31 – 35.

[124] 赵从举, 康慕谊, 徐广才, 等. 非灌溉条件下不同年龄梭梭蒸腾耗水比较 [J]. 干旱区研究, 2006, 23 (2): 295 – 301.

[125] 王鸣远, 杨素堂. 沙地灌木林群落土壤水分平衡关系的研究 [J]. 水土保持学报, 2004, 18 (6): 171 – 174.

[126] 贾海坤, 刘颖慧, 徐霞, 等. 皇甫川流域柠条林地水分动态模拟——坡度、坡向、植被密度与土壤水分的关系 [J]. 植物生态学报, 2005, 29 (6) 910 – 917.

[127] Grant, P. F. & W. G. Nickling. Direct field measurement of wind drag on vegetation for application to windbreak design and modeling [J]. Land Degradation and Development, 1998, 9: 57 – 66.

［128］符亚儒，高保山，封斌，等．陕北榆林风沙区防风治沙林体系结构配置与效益研究［J］．西北林学院学报，2005，20（2）：18－23.

［129］Hagen L. J. Windbreak design for optimum wind erosion control, in Symposium on shelterbelts on the Great Plains, proceedings C], Ed. Tinus, R. W., Great Plains Agricultural Council [M], Denver, Colorado, 1976, 31－36.

［130］董治宝，陈渭南，董光荣，等．植被对风沙土风蚀作用的影响［J］．环境科学学报，1996，16（4）：442－446.

［131］Marshall J. K. Drag measurements in roughness arrays of varying density and distribution [J]. Agricultural Meteorology. 1971, 8: 269－292.

［132］Van de Ven, T. A. M., Fryrear D. W., Spaan W. P. Vegetation characteristics and soil loss by wind. Journal of Soil and Water Conservation [J]. 1989, 44 (4): 347－349.

［133］Homing L B, Stetler L D, Saxton K E. Surface residue and soil roughness for wind erosion Protection [J]. Trans－actions of the ASAE, 1998, 41 (4): 1061－1065.

［134］黄富祥，牛海山，王明星，等．毛乌素沙地植被覆盖率与风蚀输沙率定量关系［J］．地理学报，2001，56（6）：700－710.

［135］兰登明．赤峰示范区杨树“小老树”及其改造模式［J］．内蒙古林业科技，1998（增刊）：25－30.

［136］杨瑞珍．我国低产林的初步研究［J］．中国林业，1996（3）：27－28.

［137］杨文斌，王晶莹，王晓江，等．科尔沁沙地杨树治沙林密度、配置与林分生长过程初步研究［J］．北京林业大学学报，2005，27（4）：33－38.

［138］杨文斌，卢琦，吴波，等．杨树治沙林密度、配置与

林木生长过程的关系［J］. 林业科学，2007，43（8）：54－59.

［139］付华，周志宇，陈善科．腾格里沙漠东南缘飞播区白沙蒿植被密度与土壤水分关系的研究［J］. 中国沙漠，2001，21（3）：265－270.

［140］曹有成，蒋得明，骆永明．小叶锦鸡儿防风治沙稳定性研究［J］. 生态学报，2004，24（6）：1178－1185.

［141］Maliha S. Nash；Erik Jackson；Walter G. Whitford. Soil microtopography on grazing gradients in Chihuahuan desert grasslands［J］. Journal of Arid Environments，2003，55（1）：81－192.

［142］王占军，李生宝，蒋齐，等．柠条不同种植密度对植物群落稳定性影响的研究［J］. 草业与畜牧，2006，10：9－12.

［143］王占军，蒋齐，潘占兵，等．宁夏毛乌素沙地不同密度柠条林对土壤结构及植物群落特征的影响［J］. 水土保持研究，2005，12（6）：33－35.

［144］陈芸芸．退化草地恢复过程中不同种植密度人工柠条灌丛对植被的影响［J］. 漳州师范学院学报（自然科学版）2006，51：88－92.

［145］吴波，李晓松，刘文，等．京津风沙源工程区沙漠化防治区划与治理对策研究［J］. 林业科学，2006，42（10）：65－70.

［146］Whittaker R H，Feeny P P. Allelochemics：Chemical Interactions between Species［J］. Science，1971，171：757－770.

［147］Muller C H. The role of Chemical Inhibition（Allelopahty）in Vegetation Composition［J］. Bulletin of The Torrey Botanical Club，1966，93（5）：332－351.

［148］马茂华，于凤兰，孔令韶．油蒿（Artemisiaordosica）的化感作用研究［J］. 生态学报，1999，19（5）：670－678.

［149］肖洒，王刚，李良．毛乌素沙地油蒿与杨柴异速生

长模式及个体大小的种内竞争调节［J］．中国沙漠，2003，23（1）：67－72.

［150］周广胜，朱廷曜．林带阻力系数与透风系数关系的理论分析［J］．应用生态学报．1994，5（1）：43－45.

［151］Woodruff N. P.，Zingg A. W. Wind tunnel studies of fundamental problems related to windbreaks［J］．United States Department of Agriculture，Soil Conservation Service Technical Bulletin：1952，112.

［152］Woodruff N. P.，Zingg A. W. Wind tunnel studies of shelterbelt models［J］．Journal of Forestry. 1953，51（3）：173－178.

［153］杨文斌，丁国栋，王晶莹，等．行带式柠条治沙林防风效果［J］．生态学报，2006，26（12）：4106－4112.

［154］杨洪晓，张金屯，吴波，等．毛乌素沙地油蒿种群点格局分析［J］．植物生态学报，2006，30（4）：563－570.

［155］Philips D L，Macmahon J A. Competition and spacing patterns in desert shrubs［J］．Journal of Ecology，1981，69：97－115.

［156］Ripley B D. Modeling spatial patterns［J］．Journal of the Royal Statistical Society（SeriesB），1977，39：172－212.

［157］唐海平，史培军，李自珍．沙坡头地区不同配置格局油蒿和柠条水分生态位适宜度研究［J］．植物生态学报，2001，25（1）：6－10.

［158］张顺恒．闽南山地桉树造林株行距配置效应研究［J］．福建林业科技，2000，27（1）：53－56.

［159］郭学斌．影响农田防护林防风效益的主导因子探讨［J］．山西林业科技，2000，29（2）：5－9.

［160］王新平，李新荣，张景光，等．沙漠地区人工治沙植被对土壤温度与土壤导温率的影响［J］．中国沙漠，2002，22（4）：344－349.

［161］吕贻忠，胡克林，李保国．毛乌素沙地不同沙丘土壤水分的时空变异［J］．土壤学报，2006，43（1）：152－154.

［162］张富，胡朝阳．黄土高原植被对位配置技术研究［J］．中国水土保持，2003，1：20－21.

［163］张富．黄土丘陵区小流域生态位特征及植物措施对位配置研究［J］．水土保持学报，1991（2）：56－60.

［164］张天勇．流动沙丘迎风坡沙柳深栽造林技术研究［J］．宁夏农林科技，2006，6：25－26.

［165］付明胜，高登宽，马小哲，等．山坡林地草植被配置模式研究［J］．水土保持研究，1998，5（4）：93－97.

［166］贾俊姝，文忠，李文忠，高国雄，刘国强，周心澄．北川河流域退耕还林不同配置模式对土壤抗冲性的影响［J］．水土保持研究，2006，13（3）：77－79.

［167］杨学武．甘肃天祝退耕还林不同配置模式生态功能的综合评价［J］．甘肃科技，2006，22（12）：13－16.

［168］任杨俊，赵光耀，李建牢，等．黄土丘陵沟壑区——山坡地林草植被配置模式研究［J］．2001，15（6）：78－80.

［169］高国雄，李文忠，周心澄，等．青海大通县退耕还林不同配置模式生态服务功能的评价［J］．西北农林科技大学学报（自然科学版），2007，35（3）：129－134.

［170］高尚武，等．治沙造林学［M］．中国林业出版社，1984.

［171］刘瑛心．沙坡头流动沙丘治沙植物引种栽培三十五年［J］．中国沙漠，1991，11（1）：24－31.

［172］刘光祖．沙荒区造林树种选择与造林技术试验总结［C］．甘肃治沙研究所集刊，1987，2，23－28.

［173］姚洪林，廖茂彩．毛乌素流动沙地适宜植被覆盖度研究［C］．中国治沙暨沙产业学会论文集．北京：北京师范大

学出版社，1995.

[174] 蔡体久，琚存勇，姚月峰．基于 RS 和 GIS 的毛乌素沙地植被盖度定量估测［J］．应用生态学报，2005，16（12）：2301－2305.

[175] 刘广峰，吴波，范文义，等．基于像元二分模型的沙漠化地区植被覆盖度提取——以毛乌素沙地为例［J］．水土保持研究，2007，14（2）：268－271.

[176] 李晓松，吴波，等．基于光谱混合分析的荒漠化信息提取——以毛乌素沙地为例［J］．林业科学研究，2006，19（2）：192－198.

[177] 陈晋，陈云浩，何春阳，等．基于土地覆盖分类的植被覆盖率估算亚像元模型与应用［J］．遥感学报，2001，5（6）：416－422.

[178] 高志海．基于 RS 和 GIS 的绿洲植被与荒漠化动态研究［D］．北京林业大学，2003.

[179] 乔锋，张克斌，张生英，等．农牧交错区植被覆盖度动态变化遥感监测—以宁夏盐池为例［J］．干旱区研究，2006，23（2）：283－288.

[180] Franklin SE，Lavigne M B，Deuling M J，etal. 1997. Estimate of leaf area index using remote sensing and GIS data for modeling net pri－mary production［J］．Int J Remote Sensing，18（16）：3459－3471.

[181] 李博．生态学［M］．北京：高等教育出版社，2000.

[182] Bloom，A. J.，F. S. Chapin & H. A. Mooney. 1985，Resource limitation in plants－an economic analogy［J］．Annual Review of Ecology and Systematizes，16：363－392.

[183] Vitousek，P. M. 1994. Beyond global warming：ecology and global change［J］．Ecology，75：1861－1876.

[184] Borchert , R. &N. A. Slade. . Bifurcation ratios and the adaptive geometry of trees [J] . Botanical Gazette , 1981, 142: 394 -401.

[185] 刘琴，孙辉，何道文．干旱和高温对植物胁迫效应的研究进展［J］．西华师范大学学报（自然科学版），2005，26（4）：264 -368.

[186] Collinson , S. T , J . Berchie & S. N. Azam - Ali. Effect of soil moisture on light interception and the conversion coefficient for three landraces of bambara groundnut (Vigna subterranea) [J] . The Journal of Agricultural Science , 1999, 133: 151 -157.

[187] 马凤云，李新荣，张景光，等．沙坡头人工治沙植被土壤水分空间异质性［J］．应用生态学报，2006，17（5）：789 -795.

[188] 李新荣，赵雨兴，杨志忠，等．毛乌素沙地飞播植被与生境演变的研究［J］．植物生态学报1999，23（2）：116 -124.

[189] 何维明，董鸣．不同气温条件下旱柳（SalixmatsudanaKoidz）幼苗的水分和构型特征［J］．生态学报，2001，21（7）：1084 -1090.

[190] ELI. D B , SNERG P. Climate and management contributions to recent trends in US agricultural yields [J] . Science, 2003, 299: 1032.

[191] BERRY J A , BJORKMAN O. Photosynthetic response and adaptation to temperature in higher plants [J] . Anna. Rev. Plant Physiol. 1980, 31: 491 -543.

[192] 于云江，史培军，鲁春霞，等．不同风沙条件对几种植物生态生理特征的影响［J］．植物生态学报，2003，27（1）：53 -58.

[193] 包兰铁路沙坡头段治沙原理与措施［M］．兰州沙漠

研究所沙坡头沙漠科学研究站著．银川：宁夏人民出版社，1991：173－183.

［194］高素华，郭建平．毛乌素沙地优势种在高 CO_2 浓度条件下对土壤干旱胁迫的响应［J］．草业学报，2003，12（2）：36－39.

［195］彭晓邦，张硕新．大气 CO_2 浓度升高对植物某些生理过程影响的研究进展［J］．西北林学院学报.2006，21（1）：68－71.

［196］Andrew D. B. Leakey, Martin Uribelarrea, Photosynthesis, productivity, and yield of maize are not affected by open－air elevation of CO2 concentration in the absence of drought［J］．Plant Physiol, 2006，104：779－790.

［197］黄子琛，沈渭寿．干旱区植物的水分关系与耐旱性［M］．北京：中国环境科学出版社，2000. 49－53.

［198］冯金朝，陈荷生，刘元波．沙生植物对降水资源的利用及其生理生态特征的研究．沙坡头沙漠科学研究站编，沙坡头试验研究站年报沙漠生态系统研究［M］．兰州：甘肃科学技术出版社，1991，264－270.

［199］蒋瑾，戴枫年．土壤湿度对植物形态结构和生理特性的影响．沙坡头沙漠科学研究站编，流沙治理研究［M］．银川：宁夏人民出版社，1988，251－263.

［200］云建英，杨甲定，赵哈林．干旱和高温对植物光合作用的影响机制研究进展［J］．西北植物学报，2006，26（3）：641－648.

［201］刘奉觉，郑世楷，巨关升．树木蒸腾耗水测算技术的比较研究［J］．林业科学，1997，33（2）：117－126.

［202］赵明，郭志中．渗漏型蒸渗仪时梭梭和柠条蒸腾蒸发的研究［J］．西北植物学报，1997，17（3）：305－314.

[203] 周海燕，黄子深．不同时期毛乌素沙区主要植物种光合作用和蒸腾作用的变化 [J]．植物生态学报，1996，20(2)：120－131.

[204] 张利平，王新平．沙坡头主要建群植物油篙和柠条的气体交换特征研究 [J]．生态学报，1998，18 (2)：133－137.

[205] 周海燕．科尔沁沙地主要植物种的生理生态学特性 [J]．应用生态学报 2000，11 (4)：587－590.

[206] 喻梅，高琼．锡林河流域植物化学成分与植物类群及其生境关系的定量分析 [J]．植物生态学报，1999，23 (4)：327－335.

[207] 杨文斌．风成沙丘上梭梭林衰亡的水分特性研究 [J]．干旱区研究，1991，8 (1)：30－34.

[208] 田有亮，郭连生．应用 PV 技术对 7 种针阔叶幼树抗旱性的研究 [J]．应用生态学报，1990，1 (2)：114－119.

[209] 郭连生，田有亮.4 种针叶幼树光合速率、蒸腾速率与土壤含水量的关系及其抗旱性研究 [J]．应用生态学报，1994，5 (1)：32－36.

[210] 王孟本，李洪建．树种蒸腾作用、光合作用和蒸腾效率的比较研究 [J]．植物生态学报 [J]，1999，23 (5)：401－410.

[211] 韩德儒，杨文斌．人工柠条固沙林生长期水量平衡分析 [J]．干旱区资源与环境，1995，9 (1)：78－85.

[212] 宋炳煌．草原区不同植物群落蒸发蒸腾的研究 [J]．植物生态学报，1995，19 (4) .319－328.

[213] 宋炳煌．几个主要地面因子对草原群落蒸发蒸腾的影响 [J]．植物生态学报，1996，20 (6)：485－493.

[214] 董学军，张新时．依据野外实测的蒸腾速率对几种沙地灌木水分平衡的初步研究 [J]．植物生态学报，1997，21(3)：208－225.

［215］阎秀峰，孙国荣．羊草和星星草光合蒸腾日变化的比较研究［J］．植物研究，1994，14（3）：287－291.

［216］阎秀峰，孙国荣．星星草光合蒸腾日变化与气候因子的关系［J］．植物研究，1996，16（4）：477－484.

［217］阎秀峰，李敬兰．盐胁迫下星星草幼苗的生理反应；II 盐胁迫对星星草幼苗膜透性的影响［J］．黑龙江畜牧兽医，1994，（4）：1－3.

［218］阎秀峰，李敬兰．盐胁迫下星星草幼苗的生理反应：I. 盐胁迫对星星草幼苗生长的影响［J］．黑龙江畜牧兽医，1994，（3）：1－3.

［219］董学军，阿拉腾宝．毛乌素沙地沙地柏的水份生态初步研究［J］．植物生态学报，1999，23（4）：311－319.

［220］廖汝棠，张文军．毛乌素流动沙地植物的水分关系与适宜种植规模［J］．内蒙古林业科技，1996，（3）：22－26.

［221］张文军，金常元一．杨柴人工草地土壤水分生态与生产力的分析［J］．中国草地，1992，（3）：44－47.

［222］Braatne J. H.，Hinckley T. M.，Stettler R：F. Influence of soil water on the physiological and morphological components of plant water balance in Populus. trichocarpa，. Populus deltoides and their F（1）hybrids. Tree Physiol［J］，1992，11（4）：325－339.

［223］Sinclair T. R.，Holbrook N. M.，Zwieniecki M. A. Daily transpiration rates of woody species on drying soil. Tree Physiol［J］，2005，25（11）：1469－1472.

［224］Tricker P. J.，Trewin H.，Kull O. Stomatal conductance and not stomatal density determines the long－term reduction in leaf transpiration of poplar in elevated CO2［J］．Oecologia，2005，143（4）：652－660.

[225] Motzer T., Munz N., Kuppers M.. Stomatal conductance; transpiration and sap flow of tropical montane rain. forest trees in the southern Ecuadorian Andes. Tree Physiol [J], 2005, 25 (10): 1283 - 1293.

[226] Dorriec J. C., Meinzer F. C., Gartner. B. L.. Transpiration - induced axial and radial tension gradients in trunks of Douglas - fir trees. Tree Physiol [J], 2006, 26 (3): 275 - 284.

[227] Ludwig F., Jewitt R. A., Donovan L. A. Nutrient and water addition effects on day - and night - time conductance and transpiration in a C (3) desert annual [J]. Oecologia, 2006, 8: 1 - 7.

[228] Daley M. J., Phillips N. G. Interspecific variation in nighttime transpiration and stomatal conductance in a mixed New England deciduous forest. Tree Physiol [J], 2006, 26 (4): 411 - 419.

[229] Liao Y. C., Chien S. W., Wang M. C.. Effect of transpiration on Pb uptake by lettuce and on water soluble low molecular weight organic acids. in rhizosphere. Chemosphere [J], 2006, 23 (5): 512 - 519.

[230] Schreiber L., Elshatshat S., Koch K.. AgCI precipitates in isolated cuticular membranes reduce rates of cuticular transpiration [J]. Planta, 2006, 223 (2): 283 - 290.

[231] Tani F. H., Barrington S. Zinc and copper uptake by plants under two transpiration rates. Part II. Buckwheat (Fagopyrum esculentum L.). Environ Pollut [J], 2005, 138 (3): 548 - 558.

[232] Matiru V. N., Dakora F. D. Xylem transport and shoot accumulation of lumichrome, a newly recognized rhizobial signal, alters root respiration, stomatal conductance, leaf transpiration and photosynthetic rates in legumes and cereals. New Phytol [J], 2005, 165 (3): 847 - 855.

［233］刘祖棋，张石城．植物抗性生理学［M］．北京：中国农业出版社，1994. 88 – 122.

［234］高洁，张尚云，傅美芬，等．干热河谷主要造林树种旱性结构的初步研究［J］．西南林学院学报，1997，6（2）：59 – 63.

［235］何维明．水分因素对沙地柏实生苗水分和生长特征的影响［J］．植物生态学报，2001，25（1）：11 – 16.

［236］肖春旺，周广胜，赵景．不同水分条件对毛乌素沙地油蒿幼苗生长和形态的影响［J］．生态学报，2001，2（21）：2136 – 2140.

［237］肖春旺，周广胜，马风云．施水量变化对毛乌素沙地优势植物形态与生长的影响［J］．植物生态学报，2002，26（1）：69 – 76.

［238］王鸣远，关三和，王义．毛乌素沙地过渡地带土壤水分特征及其植物利用［J］．干旱区资源与环境，2002，16（2）：37 – 44.

［239］于金福．旱生植物的形态结构［J］．塔里木农垦大学学报，1990，2（1）：62 – 63.

［240］冯显透．宁夏干旱地区树木叶片旱生结构的研究［J］．林业科技通讯，1981，（11）：13 – 17.

［241］王兴鹏，文卿琳，张维江．毛乌素沙地南缘赖草水分生理特性及其影响因子的初步研究［J］．塔里木大学学报，2006，18（1）：38 – 42.

［242］Davies W J，Z hang J . Root signais and regulation of growth and development of plants in drying soil［J］. AnnuRev Plant Physiol Plant molbiol，1991，42：55.

［243］Hasiao T C . Growth and productivity of crops in relation to water stress［J］. Acta Hhorticulturae，1993，335：137.

[244] 龚吉蕊，赵爱芬，张新时．多浆荒漠植物与中生植物对干旱胁迫反应的比较研究［J］．北京师范大学学报（自然科版），2005，41（2）：194－198.

[245] 王兴鹏，文卿琳，张维江．毛乌素沙地南缘赖草蒸腾速率与叶水势关系的初步研究［J］．水土保持研究，2007，l4（1）：135－137.

[246] KrammerP J. Water relation of plants [M]. New York, London : Academic Prees, 1983: 489.

[247] Lu. Z. J, Neamann P M. Water - Stressed maize, burley and rice seedlings show species diversity and mechanisms of leaf growth inhibition [J]. J Exp Bot, 1 998, 49: 194.

[248] 田晶会，贺康宁，王百田，等．不同土壤水分下黄土高原侧柏生理生态特点分析［J］．水土保持学报，2005，19（2）：175－183.

[249] 田晶会，贺康宁，王百田，等．黄土半干旱区侧柏气体交换和水分利用效率日变化研究［J］．北京林业大学学报，2005，27（1）：42－46.

[250] Farquhar. G. M., Sharkey T. D., Stomatal conductance and photosynthesis [J]. Ann Rev Plant Physiology, 1982, 33: 317 - 345.

[251] Brestic M., Cornic G. Dase photorespiration protectthe photosynthetic apparatusin French beanleaves fromphoto inhibition during droughtstress [J]. Planta, 1995, 196: 450 - 457.

[252] 刘琴，孙辉，何道文．干旱和高温对植物胁迫效应的研究进展［J］．西华师范大学学报（自然科学版），2005，26（4）：264－368.

[252] 邓红英．毛乌素沙地优势植物种群对模拟降水量变化的影响［J］．云南大学学报（自然科学版）2002，24（1）：

75 -80.

[253] Ehleringer J. R. Variation in gas exchange characteristics among desert plants [M], Schulze E. D. Ecophysiology of photosynthesis. New York Springer - verlng, 1995: 361 -392.

[254] 孙梅霞，祖朝龙，徐经年．干旱对植物影响的研究进展［J］．安徽农业科学，2004，32（2）：365 -367.

[255] Tezea W. , Lawlor D W. Effects of water stress on the biochemistry and physiology of photosynthesis in sunflower M Mathis P. Photosynthesis: from Light to Biosphere Hague: Kluwer Academy Publishers, 1995: 625 -628.

[256] Kanechi M, Kunitomo E. Water stress affects on fibulose - 1, 5 - bisphosphate carboxylase and its relationship to photosynthesis in sunflower leaves [M]. Mathis P. Photosynthesis: from Light to Biosphere. Hague: Kluwer Academy Publishers, 1995: 597 -600.

[257] 哈申格日乐，宋云民，李吉跃，等．水分胁迫对毛乌素地区4树种幼苗生理特性的影响［J］．林业科学研究2006，19（3）：358 -363.

[258] 肖春旺，周广胜．毛乌素沙地中间锦鸡儿幼苗生长、气体交换和叶绿素荧光对模拟降水量变化的响应［J］．应用生态学报，2001，12（5）：692 -696.

[259] 龚吉蕊，张立新，赵爱芬，等．油蒿抗旱生理生化特性研究初报［J］．中国沙漠，2002，22（4）：387 -391.

[260] 张仲平．毛乌素沙地植被格局变化及水分收支平衡分析——以乌审旗为例［D］．内蒙古大学，2006.

[261]《乌审旗志》编撰委员会编．乌审旗志［M］．呼和浩特：内蒙古人民出版社，2001. 123 -151.

[262] 张友焱．毛乌素沙地几种树种水分生理特性研究［D］．北京：北京林业大学，2006.

[263] 中国科学院内蒙古，宁夏综合考察队．内蒙古植被[M]．北京：科学出版社，1985，195－197；

[264] 王庆锁．我国油蒿研究的一些进展[J]．中国草地，1992，2：74－78.

[265] 王勇轶．内蒙古乌审旗乌兰陶勒盖水源地水文动态变化研究[D]．呼和浩特：内蒙古大学，2008.

[266] 吴晓旭．半干旱风沙区城镇周边防沙技术——以内蒙古乌审旗达布察克镇为例[D]．北京：北京师范大学，2010.

[267] 徐卫红，刘茂才．大气降水入渗补给系数的分析与探索[J]．科技视野，2008，19：57.

[268] 李品芳，李保国．毛乌素沙丘水分蒸发和草地蒸散特征的比较研究[J]．水利学报，2003，3：24－28.

[269] 刘新平，张铜会，赵哈林，等．流动沙丘降雨入渗和再分配过程[J]．水利学报，2006，37（2）：166－171.

[270] 原鹏飞，丁国栋，王炜炜，等．毛乌素沙丘降雨入渗和蒸发特征[J]．中国水土保持科学，2008，6（4）：23－27.

[271] 高琼，董学军，梁宁．基于土壤水分平衡的沙丘草地最优植被覆盖率的研究[J]．生态学报，1996，16（1）：31－38.

[272] 胡继超，张佳宝，冯杰．蒸散的测定和模拟计算研究进展[J]．土壤，2004，36（5）：492－497.

[273] 杜尧东，刘作新，张运福．参考作物蒸散计算方法及其评价[J]．河南农业大学学报，2001，35（1）：57－61.

[274] Hattori S. Radiation balance of a hinoki stand (1) seasonal variation of the albedo [J]. J. Jap. For. Soc., 1984, 66: 149－156.

[275] Tomas J S, Jean claud A. Land surface evaporation

measurement and parameterization [J]. New York: Springer - Verlag Inc, 1991, 5 (28): 92 - 111.

[276] 贺康宁，田阳，张光灿．刺槐日蒸腾过程的 Penman - Monteith 方程模拟 [J]．生态学报，2003，23 (2)：251 - 258.

[277] 肖文发，徐德应．森林能量利用和生产过程的生理生态基础 [M]．北京：中国林业出版社，1999. 73 - 84.

[278] 莫兴国．冠层表面阻力与环境因子关系模型及其在蒸散估算中的应用 [M]．地理研究，1997，16 (2)：81 - 88.

[279] Thom A S, O liver H R. On Penman' s equation fo r estimating regional evaporation [J]. Q. J. R oy. Meteorol. Soc. , 1977, 103: 345 - 357.

[280] Jarvis P G, James G B, Landsberg J J. Coniferous forest in vegetation and the atmosphere [J]. In Monteith, J Led London: Academic Press, 1976. 2: 171 - 240.

[281] 胡小龙，张文军，樊文颖，等．毛乌素沙丘不同覆盖度油蒿群落土壤水分特征研究 [J]．内蒙古林业科技，1996，3 (4)：32 - 37.

[282] 李志熙．毛乌素沙丘高等植被调查与研究 [D]．杨陵：西北农业科技大学，2005.

[283] Dawson T E. Hydraulic lift and water use by plants: implications for water balance. performance and plant interactions [J]. Oecologia, 1993, 95: 565 - 574.

[284] 李吉跃．植物耐旱性及其机理 [J]．北京林业大学学报，1991，13 (03)：92 - 99.

[285] 徐恒刚．内蒙古西部沙区荒漠灌丛植被及沙区生态建设 [M]．北京：中国农业科学技术出版社，2004：30 - 32.

[286] 李正理．旱生植物的形态和结构 [J]．生物学通报，1981，4：9 - 12.

［287］安渊，王育青，阎志坚，等．内蒙古西部区沙地几种常见植物适应干旱的若干特性［J］．内蒙古草业，1992.1：43－45.

［288］华东师范大学植物学［M］．北京：高等教育出版社，1986.

［289］杨汉．植物学［M］．上海：上海科学技术出版社，1984.

［290］蒋瑾，戴枫年．沙坡头地区主要固沙植物生物学、生理学特性的研究［J］．林业科学，1983，2：24－29.

［291］马全林，刘世增，严子柱，等．沙葱的抗旱性特征［J］．草业科学，2008，25（6）：56－61.

［292］胡树慧．沙生植物与沙漠治理［J］．特种经济动植物2002，5（4）：32－33.

［293］孟树标，温素卿，康月兰．沙生植物是怎样生活的［J］．河北林业，2001，01：30.

［294］阎传海．植物地理学［M］．第3版．北京：科学出版社，2003，190－191.

［295］师玉环．浅谈沙生植物的生态适应性［J］．生物学通报，2010，45（7）：14－15.

［296］蒋高明．植物生理生态学［M］．北京：高等教育出版社，2004：188.

［297］王丽平，贾光宏，陈会军编．植物及植物生理［M］．北京：化学工业出版社，2005：68.

［298］马萃祥．沙生植物［J］．生命世界，1979，06：31－32.

［299］李正理．我国甘肃九种旱生植物同化枝的解剖观察［J］．植物学报，1981，23（3）：11－13.

［300］Fahn. A. Some anatomical adaptations of desert plants［M］. Phytomorphology，1964：93－102.

[301] 黄振英，吴鸿，胡正海.30 种新疆沙生植物的结构及其对沙漠环境的适应 [J]. 植物生态学报 1997，21 (6)：521 –530.

[302] Fahn. A. Plant anatomy [M], Third edition, Pergamon Press, Oxford, England, 1982.

[303] 侯艳伟，王迎春，杨持. 绵刺对干旱生境的适应特征 [J]. 内蒙古大学学报（自然科学版），2005，3：355 –360.

[304] 胡正海，张泓. 植物异常结构解剖学 [M]. 北京：高等教育出版社，1993.

[305] Fahn. A. , and Shchori. Y. The organization of the secondary conducting tissue in some species of the Chenopodiaceae [J]. Phytomorphology, 1967, 17: 147 –154.

[306] 祝建，张泓，马德滋，等. 旱生植物驼绒藜茎的异常次生结构及其发育 [J]. 西北植物学报，1992，12 (2)：135 –140.

[307] 张泓，陈丽春，胡正海. 骆驼蓬营养器官的旱生结构 [J]. 植物生态学与植物学报，1992，16 (3)：243 –248.

[308] 杨培君，张泓，张爱新，等. 沙蓬旱生结构的研究 [J]. 西北植物学报，1993，13 (5)：48 –52

[309] E. G. 卡特著（李正理译）. 植物解剖学 [M]. 北京：科学出版社，1976.

[310] 张晓然，吴鸿，胡正海. 毛乌素沙地 10 种重要沙生植物叶的形态结构与环境的关系 [J]. 西北植物学报，1997，17 (5) 54 –60.

[311] 屠骊珠. 内蒙古西部地区九种旱生植物叶的解剖观察 [J]. 内蒙古大学学报（自然科学版），1982，13 (4)：485 –504.

[312] 李玉灵，朱帆，张国盛，等. 毛乌素沙地凝结水动态变化及其影响因子的研究 [J]. 干旱区资源与环境，2008，

22 (8): 61 -66.

[313] 廖建雄，王根轩．谷子叶片光合速率日变化及水分利用效率［J］．植物生理学报，1999，25：362 -368.

[314] San Lose, J J. Diurnal course of CO2 and water vapoour exchange in Manlhot esculenta crantz var. cabana［J］. Photosynthetica, 1983, 17: 12 -19.

[315] 肖春旺．毛乌素沙地优势植物对全球气候变化的响应研究［D］．北京：中国科学院植物研究所，2001.

[316] 许大全，李德耀，沈允钢．田间小麦叶片光合作用"午休"现象的研究［J］．植物生理学报，1984：269 -275.

[317] 许大全．光合作用"午休"现象的生态、生理与生化［J］．植物生理学通讯，1990，26 (6)：5 -10.

[318] 董学军，杨宝珍，郭柯，等．几种沙生植物水分生理生态特征的研究［J］．植物生态学报，1994，18：86 -94.

[319] 郭志华，张宏达，李志安，等．鹅掌楸（Giriodendron chinense）苗期光合特性的研究［J］．生态学报，1999，19：164 -169.

[320] 周会珍，刘绍民，于小飞，等．毛乌素沙地蒸散量的遥感研究——以内蒙古乌审旗为例［J］．地理科学进展，2006，25 (4)：79 -87.

[321] 周平，李吉跃，招礼军．北方主要造林树种苗木蒸腾耗水特性研究［J］．北京林业大学学报，2002，24 (6)：50 -55.

[322] 刘广全，李文华，王鸿哲，等．沙棘苗木蒸腾耗水对土壤水分含量的响应［J］．国际沙棘研究与开发，2004，2 (4)：21 -26.

[323] 孙洪仁，马令法，何淑玲，等．灌溉量对紫花苜蓿水分利用效率和耗水系数的影响［J］．草地学报，2008，16 (6)：636 -645.

附录　四种常用防沙治沙植物种的生态学特性及种植技术[284]

1　油蒿（Artemisia ordosica）

油蒿，别名黑沙蒿、沙蒿，旱生沙生半灌木。分布于暖温型的干草原和荒漠草原带，也进入荒漠化草原带。喜生长在固定沙丘、沙地和覆沙地上，是沙地半灌木群落的重要建群植物，为优良的固沙植物。

1.1　分布

油蒿，分布于我国陕西省北部、宁夏回族自治区、甘肃省等。在内蒙古自治区分布于乌兰察布市南部、鄂尔多斯市及巴彦淖尔市。在鄂尔多斯市，油蒿分布面积占总草场面积的47%。

1.2　形态特征

油蒿，半灌木，高50—70（100）cm，主茎不明显，多分枝。老枝外皮呈暗灰色或暗灰褐色，当年生枝条褐色至黑紫色，具纵条棱。叶稍肉质，一回或二回羽状全裂，裂片丝状条形，长

1—3cm，宽0.3—1mm；茎上部叶较短小，3—5全裂或不裂，黄绿色。头状花序卵形，直径1.5—2.5mm，通常直立，具短梗及丝状条形苞叶，多数在枝端排列成开展的圆锥花序；总苞片3—4层，宽卵形，边缘膜质；边花雌性，能育；中央两性花不育，花冠管状。果小，长卵形或长椭圆形。细胞染色体：2n = 36。

1.3 生物学、生态学特性

油蒿的生物学与生态学特性在内蒙古鄂尔多斯高原和阿拉善地区，3月中上旬开始萌芽，逐渐生出叶片，叶密生绒毛，入夏后绒毛脱落，6月形成新枝，当年生枝条长达30—80cm，7—9月为生长盛期，7月中下旬形成头状花序，8月开花，9月结实，9月下旬至11月初果实逐渐成熟，成熟后果实不易脱落，便于采种，10月下旬至11月初叶转枯黄、脱落。油蒿枝条有两种：营养枝和生殖枝。营养枝在初霜后逐渐形成冬眠芽，翌年继续生长；生殖枝仅在当年生长，越冬以后即行枯死。油蒿的植株按年龄可分为5类：

（1）幼苗：为当年生或生长1年的植株，高度通常在10cm以内；

（2）幼龄植株：约为2年生植株，株高在10—20cm；

（3）中龄植株：约为3年生，株高在20cm以上；

（4）成年植株：4—7年生；

（5）老年植株：为8—10年生以上的植株。

油蒿一般生长2—3年可开花结实；水肥条件较好时，也有当年开花结实的。4—7年生的为繁殖盛期，其寿命一般为10年左右，最长可达15年。

具有发达的根系。主根一般扎深1—2m，侧根分布于50cm左右深度的土层内。老龄时，根系分布十分扩展，据调查，天然生12龄油蒿，地上部分高90cm，冠幅170cm，根深350cm，根幅920cm，侧根密布在0—130cm沙层内。

油蒿具有一定的再生性。在内蒙古自治区阿拉善地区观测，4月24日至7月21日，枝条平均高度为5.1cm，6月10日刈割的枝条，到7月21日平均高度达7cm。在鄂尔多斯测定，一年刈割2次的产量最高。但刈割时，植株高度不应低于30cm，过低影响生长活力。在内蒙古自治区，一般利用2次为宜，具有广泛的生态可塑性。油蒿在干旱、半干旱沙质壤土上分布较广，生长在固定、半固定沙丘或覆沙梁、沙砾地上，抗旱性强。在甘肃省民勤县测定，蒸腾强度每小时为580mg/cm^2（鲜重），内蒙古自治区磴口县每小时为429mg/cm^2。油蒿表皮角质层厚度为0.63cm，比细枝岩黄芪、柠条锦鸡儿厚1倍多，且气孔下陷，抑制水分蒸腾。所以油蒿能生长在水分极少（含水量2%—4%），养分不足（含氮0.02%—0.03%）的流动沙丘上，与上述旱生细胞结构有关。耐寒性强，在内蒙古鄂尔多斯高原，冬季气温达-30℃，能安全过冬。不耐涝，积水1个月，会死亡。

油蒿枝条能生出大量的不定根，特别是幼龄植株，只要沙埋不超过顶芽，且能迅速生长不定根，维持正常生活。

自然生长的油蒿以种子繁殖为主，但因其生长不定根能力强，也可分株插条繁殖。结实性好，据内蒙古自治区磴口地区调查，每株平均有花序24700个，结实率为72.5%，种子细小，千粒重0.18g，在油蒿群落中，0—10cm土层中每公顷种子贮藏量达134—817万粒，其中29%分布在0—1cm土层中；26%分布在1—2cm土层中。大量的种子能保证它的群落繁衍不衰，落地种子，以春季发育的幼苗成活率最高，秋季发芽的幼苗70%不能越冬而死亡。

油蒿为喜沙性植物，主要生境为固定、半固定沙地，梁地等也有生长。属沙生半灌木，深根性植物，主根深达2m，侧根密集，多分布在50—60cm的沙层内，具有抗旱、耐沙埋、耐贫瘠的特点。当沙埋不过顶时，枝条叶腋芽可产生不定根，萌发出新枝条，增加根系吸收土壤水分与养分的功能，促进地上部植株的生长，增加固沙能力。油蒿春季萌发早，出芽快，分枝多，生命力强。9月中下旬种子成熟，10月底停止营养生长。天然落种后，种子吸水后产生胶稠状液体，起到固定种子周围土壤或沙粒的作用，因而轻微风蚀对油蒿种子萌发、生长影响不大。严重风蚀则因根系大部分外露而干枯死亡。油蒿不耐涝，水淹15—30天会导致全株死亡。油蒿的寿命为6—7年，在3—5年其生长活力最强，5年后枯枝残存，生长活力减弱，逐渐衰老。

1.4 种植技术

栽培技术要点：油蒿一般有种子直播、生殖枝移栽和育苗移植三种种植方式。

（1）种子直播

多选择在植被稀疏的流动、半流动沙地或有呈沙的黄土梁地上进行。人工直播多采用撒播或条格形式，撒播要均匀，然后利用风力、耙、德及羊群踩踏等方法进行呈土。一般1人1天可撒种0.7—2hm^2。人工条播是利用小型农机具进行条播，也可用大型24行播种机改装为10—12行播种机在固定、半固定、退耕地进行补格。播种量为7.5—15kg/hm^2。

（2）生殖枝移植

移植是结合治沙进行的，其特点是经济、简便、易推广。移植分块状移植、带状移植和稀行密植。块状移植多用于退化沙化严重的草场或直接危害公路、铁路、水库、村舍的流动沙地。株行距一般为1.0m×1.5m或0.6m×15m。带状移植多用于流沙及半流动沙丘，一般2—4行组成一带，株距0.5—1.0m，带距因地形而异，平缓处5—10m，迎风坡地2—3m，带间可补播牧草。稀行密植多用于半固定沙地，移植选2—4年生的野生苗用镢头挖出然后移植，挖坑深度视油蒿株丛高矮而定，一般坑深为株高的2/3，太浅易风蚀干旱死亡。移植时应把一丛油蒿撕成两半放在坑两侧，中间埋土踏实。春秋两季移植，秋季较春季成活率高。

（3）育苗移植

油蒿育苗一般在5月中旬至6月中旬，通气性好，选择沙壤土，用播种机播种。播量15kg/hm^2，播深0.5cm，行距20cm，或撒播，播种后轻覆土。播种前应先灌水，落干后，及时播种，以保证土壤墒情，油蒿出苗期12—13天，因此，为保证种子出苗所需水分条件，应喷灌1—2次。种子出苗率可达50%以上。人工种植条件下，当年株高可达20cm以上，是自然生长的1倍多。移植可于第二年4月份进行，株行距1m×1m，同样可采用组合并灌溉，以确保成活率。

2　小叶锦鸡儿（Catagana microphylla）

小叶锦鸡儿，别名小柠条。小叶锦鸡儿抗严寒，耐酷热，抗干旱，耐瘠薄，喜湿润，是我国华北、西北地区防风固沙和水土保持及草原建设的重要灌木种。

2.1　分布

小叶锦鸡儿分布很广，从西伯利亚至我国新疆维吾自治区均有生长。在我国吉林省、辽宁省、河北省、山东省、山西省、内蒙古自治区、陕西省、宁夏回族自治区、甘肃省、青海省都有，集中分布在内蒙古自治区西部和陕西省。在内蒙古自治区西部鄂尔多斯市、乌兰察布市、锡林郭勒盟形成大片的小叶锦鸡儿灌木草场。

2.2　形态特征

从生灌木，植株高1—1.5m，最高可达2m。嫩枝密生柔毛，表皮褐绿色；偶数羽状复叶，小叶6—9对，倒卵形或近椭圆形，先端圆或微凹，初期有卷状短毛，灰绿色。小叶长3—10m，宽3—4m，小叶密生柔毛，托叶刺状。花单生，花冠黄色，荚果长条形，长2—4m，有的腹线内凹。每个荚果有种子5—8粒或更多。种子大小不一，颜色各异，由黄绿色至暗绿色或棕黄色，卵形或肾形。

2.3　生物学、生态学特性

（1）生物学特性

小叶锦鸡儿物候期比白柠条晚半月至20天，因各地气候而异。一般4月底萌芽，5月开花，花期15—25天，6月形成果实，7—8月种子成熟，9月底至10月停止生长，11月初落叶。

小叶锦鸡儿根系发达，4年生根长16m以上，有明显的主根，当年生植株根长度比地上部高3—4倍，7年生根深达4.5m，播种半个月后根长比地上部高7—10倍。水平根向四处伸展，超出树冠很远。具固氮根瘤，有改良土壤的作用。

小叶锦鸡儿萌发力强，平茬后可在根上长出大量的萌条，夏季被牲畜啃食后还能萌生出新枝。枝多而丛生，一丛可达20—30条枝，最多可达50多条，固沙力强。

小叶锦鸡儿适应性强，耐高温、抗严寒。沙面温度60℃，

最低气温 -35℃，不见受害现象。抗旱性强，降雨量少至100mm 仍能正常生长。在水分条件较好的地方比干旱地区生长旺盛。但是，水分过多时则生长不良，以致死亡。

小叶锦鸡儿幼苗期生长缓慢，第二年生长速度加快，直播后3—4 年可开花结实，种子干粒重 35—37g。

小叶锦鸡儿喜光性植物种，不耐遮阴，在遮阴条件下结实不良。小叶锦鸡儿系中生至旱生性灌木，在草原、干草原、荒漠草原均能正常发育。在黄土丘陵区的黄土地、花岗岩、砾岩、石灰岩山地、河谷阶地、松沙地、硬梁地、固定沙地、半固定沙地，均能正常生长。喜欢在沙壤土、黏壤土、黑垆土和栗钙土上生长。在半固定沙地常和油蒿、猫头刺组成群落。当流沙趋向固定时，小叶锦鸡儿取代油蒿成为优势种，并生长稳定。

（2）生态学特性

小叶锦鸡儿最适宜在沙壤土和黏壤土上生长，同样在固定和半固定沙地上也能很好地生长，在固定沙地上常与油蒿、猫头刺等植物组成群落，是流沙趋于稳定后，继籽蒿、油蒿而生长的一种灌木。因此，从植物演替的程序来看，当流沙变得干燥和坚硬时，它将更替流沙上的先锋植物。

小叶锦鸡儿很耐旱，也喜欢一定程度的湿润条件，但是，过湿则生长不良甚至死亡，其萎蔫系数为 0.66%。例如，在干燥固定沙丘上 3 年生直径为 6.80cm，而在水分条件较好的半固定沙地 2 年生即可达 11.86cm，这说明水分对于耐旱植物同样也有很大意义。但是，在地下水深约 3m，幼小植株平均高 18.6cm，基径 1.5cm，发育良好，而在地下水 1m 左右的丘间低地上幼小植株的高度仅为 4.2—10.3cm，基径为 0.45—0.73cm，尤其是低地多雨积水时期，常常使幼株发生死亡。

小叶锦鸡儿根系分布广泛，水平及垂直根均较发达，须根密生具有根瘤，能改良土壤结构，根系具萌发力，根系分布层很厚，主要分布在40—120cm处。

播种幼苗当年地上部平均高为6.3cm时，其主根已入土深42cm。当主根已深达155cm时，地上部也就是70cm左右，这时的侧根根幅为200cm，有侧根28条，总长13.93m。其水平根系非常发达，整个根系分作两层，上层侧根强大，分布于15—30cm深处，水平伸展范围达340cm，第二层侧根位于70—80cm深，幅度较小（约10cm），在根系周围的沙层中出现无数粒状的黑色有机质。

2.4 种植技术

小叶锦鸡儿固沙种植常用直播技术，也可育苗移植。移植方法和白柠条相同。但因小叶锦鸡儿矮小，株行距应缩小至1m×2m、1.5m×2m、2m×2m为宜。小叶锦鸡儿直播要掌握好以下几个环节：

（1）掌握种熟期，适时采种

因各地气候差异很大，物候期不同，种熟期也不一致，大约7月下旬至8月中旬成熟。当荚果变硬、皮稍干、种子变成浅黄色时种子成熟，要不失时机地抓紧采收荚果。做到熟一片采一片。调制和贮存方法和白柠条相同。

小叶锦鸡儿种子当年发芽率可达80%以上。长期贮存时，种皮变成棕红色、褐色，并与豆瓣分离失去发芽能力。贮存3年，发芽力降为30%，第四年几乎全部失去发芽能力。

（2）直播季节

在墒情好或有灌溉条件时，能保证小叶锦鸡儿种子发芽和幼苗生长所需要水分，从春天至夏天均可播种。但在干旱的沙区进行固沙种植，以雨季为佳。因春天气候干燥，大风多，沙粒移动快，干沙层厚，种子不但没有足够的水分发芽，而且长期在干沙层中存放会促使种子生理干燥，降低发芽率。同时，易遭鸟、鼠、虫食和风蚀沙埋等自然灾害。故以 6—7 月下雨前后播种为宜。这时土壤水分充足，地温、气温高，种子顶土快，幼苗出土后正值生长旺季，当年苗高 8—10cm，可以安全越冬。

（3）直播方法

采用条播（全面条播、带状条播）、穴播、撒播等方法。为了达到固沙目的，在流沙上要有沙障保护才能成功。在固定沙地、半固定沙地，不要全面整地，应结合具体情况，选择相应的整地方法。

①条播：在流动沙丘的丘间低地，迎风坡 2/3 以下有沙障保护及植被稀疏的平缓半固定沙地，以及为了改变植被成分的固定沙地等均可采用条播。

第一，全面条播。行距视播种地条件而定。如：流沙上播种要密，固沙效果才好。而在固定沙地、半固定沙地上造林需要稀些。一般以 1—2m 行距为宜。播种深度 3cm，播种后稍加镇压，播种量 60—75kg/hm^2。

第二，带状条播。为了改良草牧场和在沙蒿固定沙地上建立稳定的人工植被，营造柠条林时可用此法。播种前要进行带状整地，带宽 1m，带距 3—4m，每带播种 4 行，行距 25—30cm，用耧或播种器进行播种，深度 3cm，播后镇压，播种量 60—75kg/hm^2。

②穴播：此法能使幼苗形成群丛，增加抗逆能力，使固沙取得成功。在固定沙地、半固定沙地和有沙障保护的流沙各部位都可应用。穴距 1m × 2m、1. 5m × 2m、2m × 2m，呈品字形配置。穴距 10cm 见方，深 4cm，将种子均匀撒播于穴内，覆土 3cm，镇压。每穴放种 20—30 粒，播种量 15—22. 5kg/hm^2。

③撒播：在大面积流沙中，在下雨和下雨前，把种子均匀地撒在沙地上，再赶上羊群或其它畜群在上面乱踩，以达到覆土镇

压的目的。随降雨产生的重力使湿土和种子结合，3—4 天发芽，播后 7 天出土。此法在劳力少、农具缺乏的沙区，结合阴雨连绵季节进行，可收到预期效果。播种量加大到 30—37.5kg/hm^2。

（4）移植 3 年后的平茬管理

首先，平茬复壮。移植后前 3 年生长缓慢，第 4 年开始进行第 1 次平茬。以后每隔 5—6 年平茬 1 次。平茬后萌发枝条增多，枝叶繁茂，延长寿命。为了不影响固沙效益，可隔年隔行（带）轮换平茬。间隔年限根据林种而定，如薪炭林间隔时间短些，种子林间隔时间长些。当灌丛生长缓慢、表现衰老、有枯枝现象、病虫害严重时必须及时平茬，以延长寿命，促进灌丛生长，使它恢复生机，重新兴旺起来。

其次，方法。于立冬至第二年春天解冻前，把地上的枝条全部用锋利的刀具切掉。平茬后第二年不结果，第三年开始结果。

（5）病虫害防治

小叶锦鸡儿主要害虫有柠条豆象、柠条小蜂、柠条夹螟等，危害果实和种子。

各地应根据物候期和害虫生活史杀灭成虫。若待幼虫进行蜕皮再行喷药已无济于事了。可用方法：①加强种子检疫，有害虫的种子不得调拨；②当年采收的种子要经过灭虫药熏后才能进行贮存；③盛花期可用农药喷雾毒杀。

3　沙柳（Sali × cheilophila Schneid）

沙柳，杨柳科大灌木，一般高 3—4m，最高达 6m。抗逆性强，较耐旱，亦喜水湿，抗风沙，耐一定盐碱，耐严寒和酷热；喜适度沙压，越压越旺，但不耐风蚀，繁殖容易，萌蘖力强。越割越旺，插条极易成活，生长迅速，枝叶茂密，根系繁大，固沙保土力极强，利用价值高，也是内蒙古西部荒漠区生态治理大面积种植的灌木种。

3.1　分布

沙柳分布于我国陕西省北部及宁夏回族自治区东部。在内蒙古自治区西部区主要分布在鄂尔多斯市（毛乌素沙地、库布齐沙漠）及巴彦淖尔市（临河市、磴口县），阿拉善盟有引进种植。

3.2　形态特征

沙柳枝干为小幼枝时，具有绒毛，以后渐变光滑。外皮幼嫩时多为紫红色，有时绿色，老时多为灰白色。茎表层角质层较发达。

沙柳叶长 5—8cm，宽 3—5cm，萌条上的叶长达 10cm 之多，边缘有腺点锯齿，互生。叶的结构具有旱生植物的特征；为等面叶，叶肉组织只有栅栏薄壁组织细胞，而无海绵薄壁组织细胞；栅栏薄壁组织细胞排列紧密，维管束极为发达，在叶缘及中肋外被有一层角质层，叶边缘皮下还有两层下皮层，气孔微凹。

沙柳花芽较大，前 1 年夏末秋初形成，并分化完毕，此时，即可鉴别雌雄。柔荑黄花序无柄，具有 3 个长圆形的全缘小叶，长2—4cm，雄蕊，合生房具毛无柄，花柱明显，往头 2 裂。蒴果长圆形，果序长 2—4cm。

3.3　生物学、生态学特性

（1）生物学特性

①旱生性植物：沙柳比较耐旱，从叶的结构来看，也具旱生

型植物的特征，叶为等面叶，叶肉组织只有栅栏薄壁组织细胞，而没有海绵薄壁组织细胞。栅栏薄壁组织细胞排列紧密，维管束极为发达，在叶边缘及中肋外还被有一层角质层，幼茎的表层角质层很发达。

②种子萌发力强：据调查，土壤含盐量为0.02%，PH为8.1，地下水位为55cm，土壤含水率19.5%，$1m^2$面积内有沙柳天然实生苗290株，生长旺盛，这说明在沙区的湿润丘间低地，沙柳天然更新良好。

③生长发育规律：沙柳插条移植，通常第二年就可开花结实，它的花序是在前一年夏末秋初就已形成，并分化完毕。因沙柳是雌雄同株，这时雌雄株即可鉴别。

④萌蘖力强：秋插沙柳或春插沙柳，开春后很快形成愈合根和不定根，同时休眠芽很快地伸出地表。据调查，3月下旬扦插的沙柳，到5月上旬近地表的芽已开放，地表以下6cm的芽也萌发上伸；地表以下4cm开始萌发出不定根，根长50cm的插条就有不定根47条，最长的已达5cm，切口愈合组织基本形成。

⑤根系极为发达：沙柳的主根发育不明显，但水平根系极为发达，生长于丘间低地的2年生幼苗，垂直主根深达1.5m，水平根达5.9m。一丛4年生沙柳水平根幅达20m。一丛10年被沙压高3.7m的沙柳，从上至下密生粗细不等的侧根。有粗根（粗1cm，长8m以上）11条；中等粗度根（粗0.3—1cm，长3—8m）31条；细根及须根极多。表层（0—50cm）须根最发达，盘结在沙丘上形成庞大的表层根系网，起着良好的固沙和吸水作用。

（2）生态学特性

①根层含水率与沙柳成活率的关系：据资料统计，沙柳移植成活率直接受沙地根层含水率的影响。根层含水率约为2.3%，成活率仅13%；根层含水率为16.3%，成活率就达100%。根层

含水在4%以上，移植成活率通常在75%以上。因此，在干旱沙区，为了提高沙柳移植成活率，应选择沙地根层含水率在4%以上地区。

②根层含水率与沙柳生长的关系：沙柳在第一年生长的快慢，直接受根层含水率的影响，因为当年生沙柳根系还不发达，根层含水率为2.3%，沙柳株高仅40cm，且生长不良。根层土壤含水率为19.3%，株高平均为1.4m，生长旺盛。但是沙柳多年生植株株高与根层土壤含水量相关不明显。究其原因是沙柳多年生植株根系极为发达，能从土壤含水量极低的沙地吸收水分。因此，根层土壤水分高低对其生长影响不大。根层土壤含盐量低于0.12%时，沙柳可正常生长。pH >9 时，严重影响沙柳生长甚至引起死亡。

3年生沙柳，春季平茬，有的被沙压，有的被风蚀，有的既无沙压又无风蚀。在被沙压的地区，沙压厚15—20cm，沙柳成活率100%，平茬后萌发条平均高1.95m；在无沙压、无风蚀的地段，沙柳成活率84%，萌条平均高1.55m；在严重风蚀地段，风蚀厚度15—30cm，成活率仅20%。平茬后的萌条平均高仅88cm，生长不良。可见沙柳移植极怕风蚀，却喜沙压。

3.4 种植技术

沙柳种植主要以扦插为主，扦插方法有：

(1) 扦插

方法简单，不需提前育苗，只要把粗0.8cm以上的种条采回，截成长50—60cm的插条，然后按点挖坑，坑的大小一般长、宽各20—30cm，深40cm，挖好坑后，将截好的种条按每坑2—4条放入坑内的对角或四角，然后分层填土踏实。在流动沙地、半固定沙地以及固定沙地均可采用，成活率一般都在70%

以上，这主要是由沙柳本身的生物学特性所决定，因为沙柳的不定根、愈合根、不定芽及休眠芽萌发力极强，插条后极易生根、发芽。因此，扦插是行之有效的方法。如插条后灌水，必须使沙柳插条外露2—3cm，以免灌水后土壤板结，影响发芽出土。

（2）抢墒扦插

据调查，沙柳成活率的高低直接受沙地根层含水率的影响，因此，在秋、冬雨雪较好年份，翌年春季应抢墒进行大面积扦插（即便是以往含水率较低的地区也可进行），因为这时春潮上升，沙地水分条件较好，可提高成活率。沙柳一旦成活，随着年龄的增长，根系日益发达，吸水能力显著增加，抗旱力增强。

（3）流动沙丘的丘间低地扦插

流动沙地通常高低起伏，环境变化极大，一般迎风坡及丘顶水分条件差，根层含水率多在4%以下，而且风蚀极为严重。根据对沙柳生态特性的调查，根层含水率如果低于4%就严重影响成活，风蚀也是影响沙柳成活和生长的一个关键因子。因此，在无灌溉条件下，流动沙地的沙丘迎风坡及丘顶不宜选择为沙柳的扦插地。一般选择丘间低地扦插，丘间低地水分条件好，根层含水率一般变化在4%—20%，并且丘间低地风蚀较轻，又有不同程度的沙压，而沙柳萌蘖力强，极耐沙压，沙越压根系越来越发达，生长也就越旺。在流动沙区中，看到不少沙柳长在沙丘顶部，这是由于沙丘向前推进，原来丘间低地的沙柳，逐渐受到沙压。压一层长一层根系，沙丘越往前推进，沙柳越是往上“爬”，并从落沙坡脚一直“爬”到丘顶。强大的根系控制住了流沙，茂密的枝叶减低了风速，减慢了沙丘移动速度，从而在新的丘间低地又可将沙丘逐渐削平和固定扦插。但是，在距落沙坡脚1—2m范围内一般每年沙压50—100cm。因此，在这一区间不宜采用沙柳插条。流动沙丘扦插的目的在于固沙，加之丘间低地也通常较小，因此，丘间低地应密植为宜，行距一般为2m，株距1m。

在流沙地区由于沙丘覆盖地的部位以及沙丘厚度不一致，如果沙丘覆盖在起伏丘陵的中、上部，即使在丘间低地，水分条件也差，覆沙太厚的丘间低地水分条件亦差，丘间低地含水率通常都在4%以下。所以，这一类型的丘间低地一般不宜选为沙柳的扦插地。

另外，根据调查湖盆周围的丘间低地，如果秋季地下水位过高（高于50cm），不宜选为沙柳种植地，因地下水位过高影响沙柳根系的呼吸，尤其是沙柳又是旱生植物。如东湾湖边的一块地，地下水位高47cm，6年生沙柳生长不良。流动沙地一般风蚀、沙埋都较严重。因此，在采用沙柳插条时最好是在春季进行，以躲过冬季强风的吹蚀。

（4）固定、半固定沙地的带状整地扦插

固定、半固定沙地一般高低起伏较小，植物盖度较大，由于植物大量吸水蒸腾，沙层含水率一般较低，因此如何设法提高固定、半固定沙地的含水率，是扦插成败的关键问题。据调查，在固定或半固定的丘间滩地，整地比不整地含水率提高约4.25%，但整地不合理时（如全面整地），就会破坏植被，引起流沙再起，所以在固定和半固定沙地整地时，不宜进行全面整地。一般采用带状整地，带与主风向垂直。目前多用链轨拖拉机带动五铧犁翻犁一次，整地宽度为2m，然后中间留4—6m的保护带，这样既可避免流沙再起，又可提高沙地含水率，而且保护带在扦插初期，可供大量青草生长。

此外，在整地时间上，一般以雨季（6—9月）整地为好，因为当时草籽还未成熟，经过翻犁，来年杂草较少；雨季气温较高，有利土壤熟化；雨季整地有利收摘。

插条一般以春季为好，因为该地区风沙较大，秋季扦插往往会因整个冬天的吹蚀使插条外露或将插条掩埋影响成活，不过在风蚀较轻地段，亦可秋季进行。

4 杨柴（Hedysarum mongdicum）

4.1 分布

杨柴，分布于苏联、蒙古人民共和国和我国荒漠草原地带。在我国境内，分布于内蒙古、陕西、宁夏、甘肃等省区，其主要分布区在库布齐沙漠，东至小腾格里沙地，南达毛乌素沙地，并延伸到宁夏河东沙区，西至南吉冷，北抵博克蒂。地理位置在东经105°—117°，北纬37°.4—44°。分布区内年降雨量为100—400mm，其西部和北部的年降雨量低于100mm。

杨柴在库布齐沙漠生长于沙丘迎风坡下部及丘间低地，与籽蒿、木蓼、沙米、沙竹、棉蓬等泥生；在博克蒂沙漠，杨柴分布在丘间低地和沙丘迎风坡中下部，在腾格里沙漠中的南吉郎沙漠上杨柴与沙拐枣组成群丛；在毛乌素沙地多集中于固定、半固定沙地，与沙蒿混生。

4.2 形态特征

杨柴和细枝岩黄芪同属豆科，岩黄芪属多年生灌木，株高1.5—2m，茎直立多分枝，根入土深达2m。单数羽状复叶，小叶9—17，条形或条状长圆形。总状花序腋生，4—10朵花。花红紫色。花萼钟形，萼齿长短不一。花冠蝶形，花瓣倒卵形，先端微凹，翼瓣小，龙骨瓣长于翼怒，短于旗瓣。子房无毛。荚果通常具2—3荚节，有时仅一节发育，无毛具喙。种子褐色，长3.7—4.6mm，宽2.2—3.0mm，千粒重15—17g。

4.3　生物学、生态学特性

（1）生物学特性

在整个生育期需要较高的温度，所以萌动较迟。一般 4 月中旬才开始萌动叶芽开放，4 月下旬至 5 月初为展叶期，5 月中下旬叶全部展开。随着茎叶的生长，在当年生一次枝的节间叶腋处抽出当年生的二次枝，然后再在当年生二次枝的叶腋处抽出第三次枝。根据在榆林红石峡试验站观察，一般植株 1 年可抽出四次枝，个别可抽出五次技。8 月份即停止生长（不包括幼苗）。6 月上旬为花蕾出现期，中旬为盛花期，此时正是营养生长的旺盛期，形成的花少，而且易落，所以第一次花期形成的荚果也就少。7 月中旬出现第二次盛花期，主要结实为第二次盛花期所形成的果实；果熟期在 9 月下旬至 10 月上旬。10 月中旬为叶变色期，11 月上旬为落叶期。

杨柴属地下芽植物，具有强壮的根茎，在根茎上有大量的不定芽，不定芽一部分向上生长发育成地上枝，一部分在地下形成根状横走茎。根状横走茎的节间有不定芽和不定根，可生长成新的植株。它的根蘖能力很强，根蘖苗距离一般60—110cm，一株发育正常的成年杨柴根状横走茎的面积达 48m^2，可发育成新根蘖苗达 80 多株。

萌蘖繁殖是杨柴对外界环境的一种适应性，能保证其后代的正常繁衍，是获得群丛稳定和丰产的一个重要性能。通过萌蘖的生长，调整了植株个体和群体之间的矛盾，这对于充分发挥培落岩黄茂群丛的作用，保证单株生长发育良好，以充分利用水分、养分和光能，对提高产量有着深刻的生物学意义。特别是在外界条件不良的情况下，一部分植株遇到伤亡时，而以后又有了生长发育的适宜条件，那些仍然活着的植株就加强形成分莫，以弥补前一期的损害，这对于种的存在和繁殖是有积极作用的。

当年播种或天然落种，在适宜的温度和湿度条件下首先生根。当根长到10cm左右时，芽才开始出土。一般长到3—5cm才能长出第一片真叶，当年苗高15—25cm时，根长为40—70cm，最长可达96cm，侧根10余条，集中分布在10—50cm的沙层内。2年生植株经过冬季之后，前1年的枝条大部分枯死，翌年发出新枝。新枝生长迅速，当年平均株高为43.3cm。而第1年未枯死之枝条其株高可达95cm，个别植株开始开花结实，根长107.3cm，最长达162cm，个别植株开始出现萌蘖苗。3年生植株平均高50.1cm，一般2年生的枝条不再枯死，最高可达175cm，大量开花结实，有19.7%的植株出现萌蘖苗，植株发育成熟，大量繁衍后代。4年生植株平均株高71.5cm，最高达220cm，此时已达到结种盛期，有23%的植株开始萌蘖繁殖，萌蘖苗距原株距离51—230cm。

杨柴花期长，一般在6月上旬到8月中旬均不断开花，花着生于当年生枝的叶腋。根据调查，当年生一次枝的叶腋仅抽出个别花序，而且花序的小花数亦少，而当年生两、三次枝上的叶腋大多数都可抽出花序，而且小花数亦多，6月每花序仅有小花平均4朵，最少1朵，最多8朵。8月上旬调查每个花序平均有小花9朵，最少3朵，最多23朵。至于第四次枝，由于抽出时间较迟，一部分形不成花芽。

杨柴落花现象严重。第一次花期花少，因为此时正是营养生长期，水分和养分集中用于生长，所形成的花大量脱落。根据我们在榆林7月下旬的调查，落花占开花总数的64.1%—93.6%，平均落花率为79.7%。

杨柴由于落花现象严重，相应的坐果率较低。据调查坐果率一般为19.7%，最高39.2%，最低6.4%。杨柴开花结实期正值7—8月高温季节，7月雨量极不稳定，高温干旱受粉不良，引起落花脱果和籽粒不实，落花落果是复杂的生理过程，原因也是多方面，弄清落花落果的内在因素，是今后研究杨柴的主要内容。

连续几年来对塔落岩黄芪的产种量进行了测定，总的趋势是产量不高，亩产不超过 5kg。10 年生以上的老杨柴，根据 5 年产量统计，变幅为22. 5—35. 1kg/hm^2；新播种的杨柴从结种之年算起，产量逐年增加，到第五年产量最高为 136. 5kg/hm^2，然后产量逐年降低。

植株密度与结实量的关系极为显著。密度大的结实量低，密度小的结实量高，成负相关，相关系数 $r = -0.4949$。密度为 0. 89 株/m^2 的单株产量 8. 3g，2. 3 株/m^2 的单株产量 3. 1g，7. 4 株/m^2 的单株产量 0. 78g。

（2）生态学特性

杨柴耐旱能力很强，但不耐涝。自然分布在年降水量 200—450mm，蒸发量 2100—3200mm 的地区。据测定，在 50mm 沙层含水量仅有 0. 72% 的条件下，仍能维持生命。当地下水位在 1m 以上时，2 个月内即可出现黄叶、落叶现象。若积水数天以后逐渐发生死亡。

杨柴耐沙埋，也耐风蚀。幼株或成年植株枝条全部沙埋后，仍能萌发出土，并能正常生长。据测定，沙埋深度在 20—25cm 时，其节间产生不定根并仍能萌蘖新苗。一般风蚀生长发育正常，风蚀深 30cm 左右时，枝叶发生枯黄。

杨柴耐瘠薄，其根系具有根瘤，自然生长在固定根上，发育良好，人工种植在平缓沙丘上生长旺盛。

4. 4　种植技术

（1）采种

杨柴植株矮小，下部枝条上形成的果实易被鼠食，所以在大量果实成熟后，即荚果由绿色变为橙黄色时，应及时组织人力采收。采收时应首先从迎风坡上部开始，因为那里风大，果实容易脱落。采用摘荚果的方法，但此法效率低。采回的荚果去掉杂质，晒干后放在麻袋内储藏，储藏期间特别注意防潮，以免种子发霉。种子干粒重25—40g，种子保存时间较长，纯净种子存放5年，发芽率仍在80%以上。

（2）育苗

①育苗地的选择：应选择通气良好的沙土和沙质壤土育苗，土壤太黏，容易形成土壤板结，对出苗和生长不利，出苗后苗不发旺，故不宜作苗圃地。播前将苗圃地整平，灌足底水，待水落干后，耙平表土，切断毛细管，以利保墒。

②种子处理：种子荚果为鞣质，吸水较慢，播前需要进行催芽处理，一般处理用40—50℃的水浸种2天，然后捞出混沙堆放进行催芽，每天翻动一次，并洒水保持湿润，待4—6天后，有40%—50%的种子裂嘴露白，即可播种。

③播期：发芽的最适温度为25—30℃，在乌兰布和沙漠、库布齐沙漠，从幼苗生长角度出发，播期在5月中下旬为宜。过早幼苗生长不整齐，过晚影响当年苗木越冬。

④育苗方法：育苗一般采用开沟条播，播深2—4cm，行距30cm，播量52.5—67.5kg/hm^2，播后覆土，稍加镇压。

⑤管理：苗期管理与一般苗木相同。特别应注意的是节制灌水，提高苗木的抗逆性。旱地苗木适应性强，可塑性大。所以苗圃的灌水量一般应保持在最低限度。只在苗木开始出现萎蔫时进行灌水，其目的在于培育粗壮苗木，苗木木质化程度高，栽植后能经得起沙区的干旱条件。这种抗旱性的苗木移植后即使数月不下雨，虽然生长量小，但能生存下去。实践证明，用苗圃密生而水肥过多的苗木栽植，成活率不高，因此育苗密度不能过大，水肥不能过多，否则栽植到沙地上，会因条件突然变差而致死亡。

在苗圃管理上，要尽量采取多种耕少浇水的措施，以使苗木根系发达适应沙区环境。

另外，通过沙地直播可培育一部分苗木。在流动沙地一般采用条播方式，行距 1—2m，播种量 30—37.5kg/hm^2，每公顷产苗 30 万—45 万株，当年苗高 15—25cm，最高 45cm，根长 45—75cm。第二年春季隔行或间隔取苗，取大留小就地栽植，成活率高，此法简单省地，免去苗圃地的一切管理措施，只需加强虫害防治，冬季在风蚀部位给以沙障保护。缺点是苗木较小。

第三种种苗来源是培育萌蘖苗。在成年植株地上可进行深度平茬，一般平茬与地面成水平，深度平茬在地表以下（5—10cm），这样每年可产大量萌蘖苗，当年平均株高 128.2cm，起稠留稀，既能解决栽植的种苗，又能改变所留植株的生态环境。

（3）移植技术

植苗春、秋两季都可进行。春季要掌握适时早移植，在沙地解冻后就可进行。秋季栽植在地冻之前完成。根据各地的试验和调查，在 4 月移植的成活率最高，11 月调查成活率为 76.4%，秋末 10 月移植翌年 6 月份调查成活率为 55.1%。雨季 8 月也进行过移植，但成活率低，只有 17.9%。在流动沙地移植，以迎风坡的成活率为高，在秋季也可在平缓的背风坡移植。一般移植株行距 1m × 3m。沙丘迎风坡移植后，需设沙障保护，以防风蚀。

此外，杨柴根系发达，起苗运输过程中根系损伤严重，影响栽植成活率。根据试验，截根可提高移植成活率。留根 40cm 成活率为 73.3%，留根 30cm 成活率 51.7%，起苗后未截根的（很长 50—60cm）成活率 58.6%。所以在苗圃起苗时，必须保持 35cm 以上的根不被损伤。同时也进行了截去枝条的对比试验，从地上部截除仅留 5—10cm，5 月 5 日栽植，11 月 6 日调查成活率达到 91.2%，当年生长 85.4cm，对照成活率只有 19.1%，当年新枝生长量 27.3cm。截除枝条移植，在 5 月份有利于提高成活率和快速生长。

（4）直播

杨柴幼苗生长迅速，有利于直播。种子形态易于自然覆沙，具备直播条件。在榆林沙区，一般在 5—6 月进行直播，宜播方式有穴播、条播、撒播（包括飞机播种）三种。

①穴播：是用锄或镐挖小穴，每穴播种 5—10 粒，然后覆土，这样便于群体顶土出苗，有利于群体抗风蚀。一般穴播株行距 0.5m×2m，播深 2—5cm，播种量 7.5kg/hm^2。也可采用块状播种，块的大小 0.5m×0.5m 或 1m×1m，块间距 3m×3m，于块内条播或穴播，这样做的目的是提高幼苗期抗风蚀的能力，提高块的保存率，此法也便于防护管理。当块内苗木长大后，还可间苗移植，扩大移植面积。

②条播：是在沙丘的迎风坡或丘间地沿沙丘等高线与主风垂直的方向用播种机播种。行距一般 3—4m，播深 2—5cm，播种量 22.5kg/hm^2。

③撒播：杨柴种子形状为扁平的椭圆形，上有皱纹，所以种子不易发生位移，易于自然覆沙，这就具备了撒播的条件。这是一种比穴播和条播更省工的栽培方法。由于靠自然覆沙，故往往因种子不被覆沙或吹蚀移位后沙埋过深而影响出苗，所以一般出苗率低，播种量 15kg/hm^2。